두 부
예 찬

두부조림만 먹는 당신을 위하여

두부

예 [예술 藝]

찬 [반찬 饌]

초판 1쇄 2017년 4월 28일 펴냄
초판 2쇄 2017년 12월 21일 펴냄
개정판 1쇄 2021년 11월 15일 펴냄

지은이 김영빈
펴낸이 김성실
책임편집 김성은
사진 이혜원
요리어시스턴트 김은선·이정화·전혜미
두부협찬 풀무원
표지디자인 채은아
제작 한영문화사

펴낸곳 원타임즈   **등록** 제313-2012-50호(2012. 2. 21)
주소 03985 서울시 마포구 연희로 19-1 4층
전화 02) 322-5463   **팩스** 02) 325-5607
전자우편 sidaebooks@daum.net

ISBN 979-11-88471-28-7 (13590)

잘못된 책은 구입하신 곳에서 바꾸어 드립니다.

두부조림만 먹는 당신을 위하여

김영빈 지음

두 부

예 찬

예술 藝　　　반찬 饌

WINTIMES

Dust jacket from Wysocki's An American Celebration and its signed edition (right) bookstore, promoting An American Celebration with Wysocki's rare hand-torn version's American Bowl Georgian edition by The Greenwich Workshop by Richard China. Vertically, from upper left Charles Wysocki featured July 1986 during the 1986 American Calendar right. Advertisements for ABC News cover illustration.

Dust jacket from Wysocki's An American Celebration and its signed edition (right) bookstore, promoting An American Celebration with Wysocki's rare hand-torn version's American Bowl Georgian in A Limited edition for The Greenwich Workshop by Richard China. Vertically, from upper left Charles Wysocki featured in People Magazine vertically from upper left at the 1986 American Calendar published by Areia Inc. Yorke.

두부 한 모의 매력

찌개

국

조림

부침

튀김

과자

음료까지

다 된다

프롤로그

'딸랑딸랑딸랑딸랑'

"영빈아, 할아버지한테 가서 두부 한 모 사와라."

5일마다 장이 열리는 시골에 살다 방학이 되어 서울 할머니 댁에 놀러 오면 반복되는 일상이었습니다. 오후가 되면 '딸랑딸랑' 방울 소리와 함께 등장하는 두부 할아버지가 계셨는데 할머니는 김이 모락모락 나는 따끈따끈한 모두부로 맛있는 된장찌개도 해주시고 매콤달콤한 두부조림도 만들어 주셨지요. 때로는 희멀건 국물에 떠 있는 순두부에 양념 간장을 올려 밥 한 끼 뚝딱할 수 있는 마법을 부리기도 하셨습니다.

뚝배기에 보글보글 찌개를 끓이거나 반찬이 없을 때, 혹은 다이어트를 하거나 좀더 건강한 밥상을 차릴 때 생각나는 것이 바로 두부입니다. 밭에서 나는 쇠고기, 식물성 치즈, 채식인들에게 양질의 단백질 공급원으로도 불리는 건강 식재료인 두부는 밥상에서 메인요리로 빛을 발하기보다는 부재료로서의 이미지가 더욱 강하지요. 두부 자체의 맛이 순하고 담백하기 때문에 맛과 색이 드러나지 않고 요리에 많은 도움을 준다는 것을 이번 기회에 더욱 실감하게 되었습니다.

몽글몽글 하얀 자태를 가진 두부는 찌개나 국물요리의 화룡점정일 뿐 아니라 다양한 색을 입히면 일힐수록 다채로운 요리로 변신을 합니다.

속살이 곰보빵 같은 손두부는 한 귀퉁이를 뚝 떼어 신김치 한 줄기 주욱 찢어 돌돌 말아 한입에 넣거나 식용유를 두른 팬에 노릇하게 부쳐 간장 양념을 뿌려 먹어도 고소하지요. 새빨간 고추장으로 칼칼하게 양념을 한 두부조림, 형태를 알아볼 수 없도록 으깨어 만든 두부완자, 고기만으로 채울 수 없는 풍성한 맛의 만두소, 보들보들 속살의 순두부와 연두부 요리까지…….

《두부예찬》에 소개한 요리에는 눈으로 보면서 '두부로구나' 하는 것부터 먹으면서 '두부로 만들었나?' 하는 것까지, 식탁의 주연부터 조연까지 모조리 꿰찬 두부요리가 가득합니다. 배우로 치면 두부는 1인 다역의 명배우라 할 수 있지요. 그런 명배우를 알아보지 못하고 요리가 밋밋하고 맛이 없거나 예쁘지 않으면 어쩌나 노심초사 했지요. 요리책 제안을 받고 원고를 쓰며 테스트키친을 거치고 촬영을 하면서 그것이 얼마나 기우였는지 알게 되었습니다.

두부를 퐁당 빠뜨려 먹는 국물요리부터 숨바꼭질하듯 숨어 있는 요리, 주인공으로 빛을 발하는 요리, 특별해 보이는 이색 요리까지 한 권의 책에 많은 것을 담아 보려고 노력했습니다. 이 책이 여러분이 만드는 맛있고 다양한 두부요리에 아이디어와 영감을 주는 책이기를 바랍니다. 요리책 한 권이 나오는 데는 많은 사람의 노력이 들어갑니다.

책의 처음과 끝을 진두지휘하시는 원타임즈 대표님과 편집자들, 테스트키친과 촬영 내내 고생한 정화·은선·혜미 선생님 감사합니다. 예쁜 두부 요리 촬영을 위해 이리저리 고생한 혜원 씨 감사합니다. 항상 바쁜 아내, 바쁜 엄마인 저를 응원해 주는 남편과 두 소녀 사랑하고 또 사랑합니다. 그리고 이 책을 구입하여 맛있는 삶을 공유해 주시는 독자 여러분 감사합니다.

차 례
CONTENTS

두부조림만 먹는 당신을 위하여

두부
예[예술 藝]
찬[반찬 饌]

PART2
두부 in 보글보글, 유쾌한 소리로 입맛 돋우는 국물요리

PART3
두부 in Daily Cook, 매일매일 한 가지씩 맛있는 요리

PART 4
두부 in 든든 한 끼, 한 그릇으로 충분한 일품요리

PART5
두부 in Special Food, 특별한 날 즐기는 행복한 요리

기
본
도
구

두부틀

두부틀

칼과 도마

체

면포

믹서기

삼베주머니

부두틀

두부제조틀이라고도 하며 두부를 만들 때 두부의 형태를 잡기 위해 사용한다. 보통은 직사각형의 나무 상자로 되어 있는데 끓인 콩물을 담아 삼베주머니나 면포로 싸고 뚜껑을 덮어 무거운 돌이나 접시로 눌러 물이 빠지면 네모 모양의 두부가 만들어진다. 스텐리스로 된 두부틀도 많이 사용한다. 대량으로 만들 때는 채반을 사용하기도 한다.

칼과 도마

두부를 포함한 식재료를 자를 때 사용한다.

체

두부를 으깬 뒤 체에 걸러 내거나 잘 씻은 재료의 물기를 제거할 때 받친다.

면포 혹은 삼베주머니

두부를 만드는 과정 중 끓인 콩물을 받쳐 콩물을 걸러내는 용도로 사용하거나 마지막 단계에서 채반이나 두부틀에 면포를 깔고 두부를 감싼다.
두부 요리를 하면서 두부의 물기를 꼭 짤 때 사용하면 편리하다.

믹서기

두부를 만드는 과정 중 잘 불린 콩을 갈기 위한 용도로 사용하는데 콩 불린 물을 조금씩 부으며 갈아준다.

콩 요리 중 가장 맛있는 두부
연두부
순두부
모두부

오늘은 두부로 무엇을 만들어 먹을까?

두부 한 모 잘라서
구수한 된장찌개에도 넣고
기름 둘러 부들부들 부침도 하고
매콤하고 고소하게 두부김치도 조금!

콩맛이 제대로다.

정갈하고 하얀 덩어리
육면체의 모두부
봉지에 쏙 들어가 봉지 모양 그대로 순두부
유들유들 보드라운 연두부

오늘은 두부로 무엇을 만들어 볼까?

PART 1

땡그렁 땡그렁,
고소함이 가득!

입안 가득 고소한 두부, 언제부터 먹었을까?

콩으로 만든 두부의 기원은 중국이라고 알려져 있다. 문헌상으로는 기원전 164년 한(漢)나라 회남왕(淮南王) 유안(劉安)이 신선이 되고자 하는 열망을 담아 선식으로 발명하여 민간에 퍼트린 것으로 전해져 오지만 지어낸 이야기일 가능성이 크다. 두부의 전래 시기는 분명하지 않고 당(唐)나라쯤으로 올라가기도 하나, 한국 문헌에 처음 보이는 때가 고려 말기이고, 그 기원은 중국이 확실하므로 가장 교류가 많던 원(元)으로부터 전래되었을 가능성이 크다고 추측한다.

중국에서 두부는 백흘불염(百吃不厭)이라 하여 아무리 먹어도 물리지 않는 식재료로 꼽는다. 그만큼 두부의 종류와 요리법도 다양한데 질감이 단단해 다양한 요리에 사용되는 북두부(北豆腐), 우리의 연두부 같은 남두부(南豆腐), 두부를 눌러 종이처럼 얇게 만든 두부포(豆腐皮) 혹은 두부건(豆腐乾), 얼려서 색다른 질감을 준 동두부(凍豆腐), 우리의 콩비지 같은 두사(豆渣) 등이 있다. 한국인에게 익숙하지 않은 발효식으로 두부를 발효시켜 기름에 튀겨 먹는 취두부는 '세 번 먹으면 진가를 안다'고 알려져 있지만 그 냄새와 맛에 익숙해지기는 쉽지 않다.

우리나라에서는 언제부터 두부를 만들었을까?

우리나라에 두부가 처음 전래된 것은 고려시대로 알려져 있는데 송나라와 원나라와의 교역을 통해 들어온 두부를 스님들이 주요한 단백질 공급원으로 삼아 사찰음식에 사용하면서 널리 알려졌다. 예전에는 두부를 포(泡)라고 하고 이름난 절에는 두부 만드는 절(寺)인 조포사를 두어 제수(祭需)를 준비한 것을 보면 승가의 두부 만드는 기술이 반가와 민가로 퍼져 나갔음을 뒷받침하고 있다.

고려 말 성리학자 이색의 문집인 《목은집》의 '대사구두부래향(大舍求豆腐來餉)'이라는 시에 두부의 명칭이 처음 나온다.

나물국 오래 먹어 맛을 못 느껴

두부가 새로운 맛을 돋우어 주네.

이 없는 이, 먹기 좋고

늙은 몸 양생에 더없이 알맞다.

물고기 순채는 남방 월나라 객을 생각나게 하고

양락은 북방 되놈을 생각나게 한다.

이 땅에는 이것이 좋다고 하니

하늘이 알맞게 먹여 준다.

라는 글귀가 나오는 것으로 보아 두부는 건강식으로 두루 이용되어 왔음을 알 수 있다. 《세종실록》에는 "조선에서 온 영인은 각종 식품제조에 교묘하지만 그 가운데서도 특히 두부는 가장 정미하다고 명나라 황제가 칭찬하였다"는 기록이 나온다. 이는 비록 두부가 중국에서 먼저 개발되었지만 우리나라에서도 나름대로 만드는 법과 요리법이 개발되었다는 것을 뜻한다.

일본에서는 언제부터 두부를 먹었을까?

일본은 각종 두부 요리와 조제법으로 유명한데 임진왜란을 거치면서 조선의 두부 만드는 기술이 전파되었다고 알려져 있다. 진주성 싸움에서 경주성을 지키던 장군 박호인이 일본에 끌려가 도사노고오찌에서 두부제조업을 시작한 것이 근세 일본 두부제조업의 시초라고 한다. 일본도 중국처럼 다양한 두부와 조리법을 가지고 있다.

두부는 그 맛이 담백해 각종 재료를 더하고 제조법, 조리법을 바꾸기만 하면 다양한 요리로 변신이 가능하다. 현대에 이르러서는 식물성 치즈로 불리며 서구인들의 건강식이나 다이어트 식으로도 인기를 끌고 있다. 뿐만 아니라 '동양의 아름다운 양식'이라는 칭호를 얻을 정도로 전 세계적인 인기를 얻고 있다.

두부의 영양

두부의 재료인 콩은 밭에서 나는 쇠고기라고 하여 각종 건강식의 재료로 이용되나 조직이 단단하여 소화 흡수가 덜 되는 단점이 있다. 이에 반해 두부는 가공을 거치게 되면서 난소화성 조직이 부드러워져 소화율이 95퍼센트 이상으로 높아지게 된다. 또 쇠고기나 콩을 그대로 먹을 때보다 지방분이 적어 다이어트에 도움을 준다.

두부에는 성장, 발육, 신진대사에 필요한 필수아미노산, 필수지방산, 칼슘이 풍부하고 비타민 A와 C, 토코페롤 등이 항산화 작용을 하여 세포의 노화를 방지한다. 식물성 여성 호르몬인 이소플라본이 풍부해 여성에게 도움이 된다. 또 식이섬유인 올리고당이 풍부하고 열량이 낮다. 두부 반 모(약 100그램)의 열량은 84칼로리 정도이며 80퍼센트 이상이 수분이므로 다이어트에 최적의 식품이다. 또한 우유 한 컵에 들어 있는 칼슘보다 많은 양이 들어 있어 칼슘 부족을 예방할 수 있다. 또한 이소플라본은 칼슘의 흡수를 촉진하므로 두부는 골다공증 예방식으로 좋은 식재료이다. 한방에서는 두부가 위와 장을 깨끗이 하기 때문에 소화를 증진하며 기를 돋우고 비위를 조화롭게 한다고 알려져 있다.

두부의 종류

예로부터 콩의 작황이 좋고 사찰음식이 발달한 우리나라 두부는 그 종류도 다양하다. 거칠고 단단하게 만들어 새끼줄로 묶어 들고 다닐 수 있는 막두부, 부드러워서 시집 안 간 처녀의 손으로만 만져야 하는 연두부, 끓는 물에서 막 건져 굳히기 전의 순두부, 얼려 먹는 언두부, 삭혀 먹는 곤두부 등이 있다. 또, 두부에 여러 가지 재료를 넣고 굳힌 추두부, 해초 두부, 두부 찌꺼기인 콩비지 등이 있다. 두부는 만드는 과정 중의 가열 시간과 응고제, 굳히는 방법에 따라 여러 종류로 나뉜다.

일반 두부는 두유에 응고제를 넣어 눌러 굳힌 단단한 것으로 전이나 찌개 등에 가장 많이 사용된다. 일반적으로 각종 요리를 할 때는 단단한 것을, 찌개나 국에 넣거나 만두소 등으로 사용할 때는 부드러운 것을 선택하면 된다. 순두부는 두부를 눌러서 굳히기 전 상태를 말하고 보통 찌개나 국을 끓여 먹는다. 연두부는 보통 두부와 순두부의 중간 정도의 굳기로 샐러드를 만들거나 간단한 양념을 뿌려 생식을 하기도 한다. 콩비지는 두부를 만들 때 콩물을 짜고 남은 건더기로 요새 시판되는 콩비지는 거의 콩을 갈아 만든 것이다. 집에서도 불린 콩을 믹서에 곱게 갈아 만들어서 사용할 수 있다.

두부의 구입과 보관법

두부를 구입할 때는 제조 날짜를 확인하여 구입일과 가장 근접한 것을 구매하도록 한다. 공장에서 나온 것은 팩에 들어 있어 육안으로 확인이 불가능하지만 간수가 깨끗하고 이물이 떠다니지 않으며 모서리 부분이 눌리거나 부서지지 않은 것을 구입하도록 한다. 판두부는 표면이 매끄럽고 모서리 부분이 부서지지 않은 것이 좋으며, 두부에서 약간이라도 쉰내가 난다면 오래된 것이므로 피하고, 냉장이 잘 되었는지 확인한 다음 전문점에서 만든 것을 구입한다. 두부는 수분이 많아 상하기 쉽고 물에서 건져내면 바로 물기가 말라 뻑뻑하고 맛이 없어지므로 보관에도 유의하여야 한다. 가능하면 구입 후 바로 먹는 것이 좋은데 만약 바로 먹지 못하면 반드시 물에 담아 냉장 보관하고 물을 자주 갈아주면 2주일 정도 보관이 가능하다.

두부를 얼려서 먹는 방법도 있다. 얼린 두부는 일반 두부에 비해 단백질 함량이 약 7배 높고 칼로리는 낮다. 두부를 얼렸다 건조하기를 반복하면 수분이 빠지면서 부패하지 않는다. 얼린 두부를 만드는 방법은 적당한 크기로 잘라 수분을 제거한 후 랩이나 팩으로 밀봉하여 냉동실에 넣어 얼린다. 하루만 얼려도 씹을수록 치즈의 식감을 느낄 수 있고 요리 전에 꺼내 전자레인지에 3~4분 해동 후 다시 한 번 수분을 제거하면 된다.

땡
그
렁
땡
그
렁
,
고
소
함
이
가
득

자, 그럼 맛있는 두부를 만들어 보자

모든 음식이 다 그렇듯 맛있는 두부의 8할은 역시 좋은 재료이다. 먼저 벌레를 먹지 않고 모양이 좋은 국산 콩을 골라 콩을 불린다. 모양이 곧고 윤기가 좋은 콩을 골라 잘 씻어 겨울철에는 12시간, 여름철에는 8시간 정도 불린 뒤 맷돌이나 믹서에 간다. 이때 콩 불린 물을 조금씩 부으며 갈아주는데 콩과 물의 분량은 2 대 3 정도가 적당하다. 간 콩물을 끓이다가 간수를 부어 응고시키는데 간수는 소금 가마니를 괴어 놓은 후, 가마니 밑으로 떨어지는 물을 받아 사용하거나 소금을 함께 판매하는 쌀가게에서 쉽게 구입할 수 있다.

재료   대두 1컵, 물 10컵, 간수 5~6큰술

만들기

1_ 깨끗한 대두를 물에 씻어 2배의 물을 붓고 반나절 동안 불린다.
2_ 불린 콩은 물과 함께 믹서기에 넣고 콩의 4배의 물을 2회에 나눠 부어가면서 곱게 간다.
3_ 곱게 간 콩은 광목주머니나 면포에 넣고 입구를 잘 여민 후 주물러서 콩물을 짠다.
4_ 콩물을 뺀 면포 속 찌꺼기(비지)에 다시 콩의 2배의 물을 붓고 곱게 갈아서 다시 한번 짜낸 뒤 3의 콩물과 섞는다.
5_ 냄비에 물 1컵을 부어 팔팔 끓으면 4의 콩물을 붓고 다시 끓인다.
6_ 콩물이 우르르 끓어오르면서 거품이 일면 찬물 1/2컵을 붓고 거품을 가라앉힌 뒤 다시 끓인다.

7_ 콩물을 약불에 약 10분 동안 끓인 뒤 불을 끄고 뜨거울 때 간수를 1~2순가락씩 넣으면서 살살 젓는다. 간수를 저을 때는 나무 주걱을 사용하고 간수를 넣은 뒤 살살 저어 준다. 이때 너무 많이 저으면 콩물이 삭아서 잘 엉기지 않으므로 주의한다.

8_ 두부를 젓다 보면 순두부 상태로 몽글하게 뭉쳐지면서 완전히 엉긴다.

9_ 체 또는 두부 틀에 면포를 깔고 순두부를 떠 담는다.

10_ 면포에서 물이 빠지면 두부를 네모나게 성형한다.

11_ 무거운 것을 올려 30분 정도 수분을 뺀다. 이때 너무 무거운 것으로 누르면 두부가 단단해지므로 주의한다.

12_ 완성된 두부는 밀폐용기에 담아 냉장고에 두면 3일간 보관이 가능하다.

요즘은 시중에 분말 간수를 판매하고 있다. 분말을 물에 타면 손쉽게 간수가 만들어진다. 간수 대신 식초 1/2컵에 생수 1/2컵, 천일염 1/2작은술을 넣고 잘 녹여 사용해도 된다.

정갈한 두부

이렇게 많은 두부

부침용 단단한 두부

찌개용 부드러운 두부

손두부

순두부

연두부

홈메이드 순두부

홈메이드 손두부

두
부

손
질

모두부 손질법

국·찌개용 깍둑썰기

국·찌개용 네모 편썰기

두부 으깨기

키친타월로 물빼기

키친타월로 물빼기

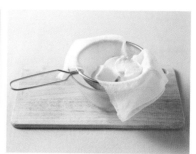

면포로 물빼기1

면포로 물빼기2

연두부 손질법2

체에 밭쳐 밑간하기

깍둑썰어 소금간이나 국간하기

포장용기 뒤집어 칼로 빼기1

포장용기 뒤집어 칼로 빼기2

투박한 뚝배기 안에서
보글보글 찌개가 끓고
앗 뜨거!
조개가 입을 쩍 벌린다.
구수하고 시원한 된장찌개 하나로
오늘도 밥상은 풍성해진다.

PART 2

두부 in 보글보글,
　　유쾌한 소리로 입맛 돋우는 국물요리

두부바지락콩나물국

두부는 맛이 담백하여 어떤 식재료와 요리해도 그 맛이 잘 어우러집니다. 특히 콩나물 국처럼 맑은 국물에 퐁당 들어가는 두부는 그 맛이 더욱 고소하지요. 바지락과 콩나물을 넣고 깔끔하게 국을 끓이면 상큼한 아침을 열기에도 좋지요.

재료	단단한 두부 1/2모, 바지락 1봉(20개), 콩나물 150g, 쪽파 2대, 다진 마늘 1작은술, 국간장 1큰술 소금·후춧가루 약간
멸치육수	국물용 멸치 15마리, 다시마(5×5cm 크기) 1장, 양파 1/4개, 물 5컵

만들기

1_ 바지락은 옅은 소금물에 담가 1시간 정도 해감시킨 뒤 바락바락 문질러 씻어 헹군다.

2_ 냄비에 멸치육수 재료를 모두 넣고 강불에 올려 팔팔 끓으면 다시마를 건지고 15분간 더 끓인 다음 나머지 건더기를 건져 낸다.

3_ 콩나물은 깨끗이 씻고, 두부는 2×3cm 크기로 도톰하게 썰고 쪽파는 3cm 길이로 썬다.

4_ 2의 국물에 바지락을 넣어 팔팔 끓이다가 조개 입이 벌어지기 시작하면 3을 넣고 한소끔 끓인다.

5_ 4에 다진 마늘과 국간장을 넣고 한소끔 끓인 뒤 소금과 후춧가루로 모자라는 간을 맞추고 불을 끈다.

 국물을 낼 때 처음부터 바지락을 같이 끓인 뒤 살을 발라 내어 나중에 따로 넣어 주어도 좋다.

두부버섯된장찌개

보글보글 끓고 있는 뚝배기 된장찌개를 보면 누구나 군침이 돌지요. 짭조름하게 간이 밴 두부가 동동 떠 있는 구수한 된장찌개 한 숟가락이면 단촐한 저녁상도 진수성찬이 됩니다.

재료　단단한 두부 1/2모, 생표고버섯 3개, 느타리버섯 한 줌, 감자 · 청고추 1개씩
양파 · 홍고추 1/4개씩, 대파 1/4대, 멸치육수 2컵, 된장 2큰술, 다진 마늘 2작은술
소금 · 국간장 약간씩

만들기

1_ 두부는 사방 2cm 크기로 깍둑썬다.
2_ 표고버섯은 도톰하게 채 썰고 느타리버섯은 밑동을 잘라 내고 먹기 좋은 크기로 뜯는다.
3_ 감자는 껍질을 벗기고 도톰하게 반달모양으로 썰어 찬물에 담갔다 건지고 양파는 굵게 채 썰고, 대파와 청 · 홍고추는 어슷썬다.
4_ 버섯과 감자, 양파를 뚝배기나 냄비에 담고 멸치육수를 부어 한소끔 끓인다.
5_ 4에 된장을 풀어 넣고 감자가 익을 때까지 끓인 뒤 두부를 넣고 간이 배게 끓여 낸다.
6_ 대파와 청 · 홍고추, 다진 마늘을 넣고 끓인 뒤 부족한 간은 소금이나 국간장으로 맞춘다.

두부는 찌개를 끓일 때 처음부터 넣어 약간 단단해져도 좋고, 마지막에 넣어 부드럽게 익혀 내어도 좋다. 비빔된장으로 사용하기 위해 모든 재료를 동일하게 1.5×1.5cm 크기로 깍둑썰면 보기에도 정갈하고 먹음직스럽다.

맑은순두붓국

whisk   spatula   ladle

두부가 단단해지기 전 부드럽게 엉긴 상태인 순두부는 두부의 본질과도 같지요. 맑고 담백한 순두붓국은 아가의 이유식으로도 좋고, 청양고추를 넣고 살짝 매운맛이 나게 끓여 양념간장을 끼얹으면 시원하고 고소한 맛이 입안에 쫘악 퍼집니다.

재료   순두부 1봉지, 애호박 1/3개, 양파 1/4개, 대파 10cm 1대, 청양고추 1개, 멸치육수 5컵, 소금 약간

양념간장   간장 1큰술, 고춧가루 1큰술, 국간장 2큰술, 다진 파 2큰술, 다진 마늘 1/2큰술, 참기름 1큰술

깨소금 약간

만들기

1_ 애호박은 반달모양으로 썰고 양파는 채 썰고, 청양고추와 대파는 어슷썬다.

2_ 냄비에 분량의 멸치육수를 부은 다음 양파와 애호박을 넣고 끓인다.

3_ 순두부를 넣고 한소끔 끓인 뒤 대파와 청양고추를 넣고 부족한 간은 소금으로 더 하거나 양념간장을 곁들여 먹는다.

 순두부는 너무 오래 끓이면 다 풀어지기 때문에 마지막에 넣고 우르르 끓여 낸다.

두부황탯국

두부는 속열을 풀어주고 속을 편안하게 하여 예로부터 술국 요리에 자주 사용되었습니다. '해장'하면 가장 먼저 떠오르는 황태를 넣어 국을 끓이면 속 시원한 국물요리가 되지요. 담백하고 든든해서 아침에 먹기에도 좋고 해장으로도 좋습니다.

재료   단단한 두부 1모, 황태채 1컵, 무 1토막(150g), 대파 10cm 1대, 참기름 1큰술, 멸치육수 5컵
             다진 마늘 2작은술, 국간장 1작은술, 소금 · 후춧가루 약간씩

황태밑간   국간장 1큰술, 청주 1큰술

만들기

1_ 두부는 사방 2cm 크기로 썰고 무는 채 썰고, 대파는 어슷하게 썬다.

2_ 황태채는 흐르는 물에 헹궈 적신 뒤 물기를 꼭 짜 국간장과 청주로 밑간을 한다.

3_ 약불로 달군 냄비에 참기름을 두르고 황태채와 무채를 넣고 볶는다.

4_ 3의 냄비에 멸치육수를 넣고 강불에서 끓어오르면 불을 줄인다.

5_ 4에 두부, 다진 마늘, 국간장 1작은술을 넣고 끓인 뒤 대파를 넣고 부족한 간은 소금과 후춧가루로 맞춘다.

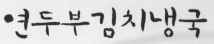
연두부김치냉국

부드러운 연두부는 차게 먹는 요리에 잘 어울리는 식재료입니다. 새콤하게 익힌 신김치와 연두부로 냉국을 만들면 입맛 없는 여름에 아주 좋지요. 추운 계절에 따뜻하게 끓여 먹으면 색다른 맛을 냅니다.

재료	연두부 1모, 신김치 2줄기, 오이 1/2개, 홍고추 1/4개, 통깨 약간
김치양념	설탕 · 통깨 · 참기름 1/2작은술씩, 소금 약간
국물	다시마물 4컵, 식초 4큰술, 설탕 2큰술, 국간장 1큰술, 소금 약간

만들기

1_ 다시마물에 식초, 설탕, 국간장, 소금을 섞어 국물을 만들고 냉장고에 넣어 차게 준비한다.
2_ 연두부는 물기를 뺀 뒤 수저를 이용해 한입 크기로 뚝뚝 자른다.
3_ 신김치는 잘 씻어 곱게 채 썰어 물기를 꼭 짠 다음 분량의 김치양념 재료를 넣고 살살 무친다.
4_ 오이는 굵은 소금으로 문질러 씻어 돌려깎기 한 뒤 채 썬다. 홍고추는 반으로 갈라 씨를 제거한 뒤 곱게 채 썬다.
5_ 그릇에 양념이 된 김치와 연두부를 담고 채 썬 오이와 홍고추를 넣어 차가운 국물을 붓고 통깨를 뿌린다.

 따뜻한 김칫국이 먹고 싶다면 김칫국을 끓일 때 김치의 양을 늘려 멸치육수에 끓이다가 연두부를 넣고 끓인다.

순두부버섯탕

고소한 들깨탕에 순두부를 넣어 든든하고 부드럽게 먹을 수 있는 요리입니다. 별다른 재료 없이도 들깨의 고소함과 부드러운 순두부가 버섯과 잘 어울리는 순한 국물 요리로 든든한 보양식 한 끼를 만들어 먹을 수 있지요.

재료   순두부 1봉지, 생표고버섯 5개, 애느타리버섯 100g, 팽이버섯 100g, 양파 1/2개, 대파 10cm 1대 청고추 1개, 멸치육수 5컵, 거피 들깻가루 5큰술, 들기름 1큰술, 국간장 2작은술, 소금 약간

만들기

1_ 표고버섯은 기둥을 제거한 뒤 채 썰고 느타리버섯과 팽이버섯은 밑동을 잘라 내고 손으로 가닥을 나눈다.

2_ 양파는 채 썰고 대파와 청고추는 어슷하게 썬다.

3_ 냄비를 달궈 들기름을 두르고 1의 버섯과 2의 양파, 국간장을 넣고 볶는다.

4_ 버섯의 숨이 죽으면 멸치육수를 넣고 끓인다.

5_ 국물이 끓어오르면 순두부를 큼직하게 떠 넣은 다음 들깻가루와 대파, 청고추를 넣고 잠시 더 끓인 뒤 불을 끈다.

6_ 부족한 간은 소금으로 맞춘다.

 들깻가루를 마지막 단계에 넣어야 고소한 맛이 더욱 살아난다.

두부새우살완자탕

두부를 으깨어 사용하면 새로운 요리를 다양하게 만들 수 있습니다. 새우 다지는 과정을 빼면 딱히 어렵거나 귀찮은 과정은 없지만 맘 먹고 도전해 보면 정말 뿌듯한 결과를 얻을 수 있지요. 으깨어 더하는 재료에 따라 각양각색의 맛으로 변신할 수도 있습니다.

재료   부드러운 두부 1모, 중새우 8마리, 표고버섯 2개, 팽이버섯 1/3줌(30g), 청경채 2포기
녹말가루 2큰술, 다시마물 4컵, 국간장 · 청주 1큰술씩, 소금 1/2작은술, 참기름 · 후춧가루 약간씩

만들기

1_ 두부는 끓는 물에 살짝 데쳐 칼등으로 으깨어 면포에 싸서 물기를 꼭 짠다.

2_ 새우는 껍질과 내장을 깨끗이 제거한 뒤 키친타월로 감싸 물기를 제거하고 곱게 다진다.

3_ 표고버섯은 기둥을 떼어 채 썰고, 팽이버섯은 밑동을 잘라 가닥을 나누고 청경채는 밑동에 칼집을 넣어 4~6등분한다.

4_ 으깬 두부에 다진 새우살, 소금, 녹말가루를 넣어 섞고 치댄 뒤 조금씩 떼어 동그랗게 완자를 빚는다.

5_ 끓는 물에 소금을 약간 넣고 중약불로 줄인 뒤 완자를 삶아 건진다.

6_ 냄비에 다시마물, 국간장, 청주를 넣고 끓인 뒤 표고버섯, 청경채를 넣는다.

7_ 소금과 후춧가루로 간을 하고 팽이버섯과 5의 삶아 놓은 완자를 넣어 끓인 뒤 참기름을 넣는다.

 완자를 삶을 때 불이 너무 세면 완자가 풀어질 수 있으므로 주의한다.

두부달걀탕

몽글몽글한 두부와 부드러운 달걀이 술술 넘어가는 요리로 쌀쌀한 날 따끈하게 먹어도 좋고 다이어트 한 끼 식사로도 좋은 요리입니다. 녹말은 기호에 따라 나중에 넣어도 됩니다.

재료   단단한 두부 1모, 녹말가루 2큰술, 달걀 2개, 쪽파 2대, 홍고추 1/4개, 다시마물 4컵
       참기름 2작은술, 국간장 1큰술, 소금 · 후춧가루 약간씩

만들기

1_ 두부는 사방 1.5cm로 깍둑썰어 녹말가루에 살살 굴린다.
2_ 달걀은 멍울이 없도록 곱게 푼 다음 소금과 후춧가루로 간한다.
3_ 쪽파는 4cm 길이로 썰고 홍고추는 어슷하게 썰어 씨를 털어 낸다.
4_ 냄비에 다시마물과 국간장을 넣고 끓인 뒤 국물이 끓어오르면 2의 달걀물을 붓는다.
5_ 달걀물이 멍울멍울 익으면 두부를 넣고 다시 한소끔 끓인다.
6_ 5의 국물이 다시 우르르 끓어오르면 쪽파와 홍고추를 넣고 소금과 후춧가루로 간을 한 뒤 한소끔 더 끓여 마지막에 참기름을 뿌려 낸다.

두부에 녹말가루를 입혀 끓이면 두부의 질감이 껄끄럽지 않고 몽글거리며 국물에 농도가 생겨 목넘김이 한층 더 부드러워진다.

두부강된장

입맛이 없을 때는 매콤 짭조름한 강된장이 밥상의 효자 노릇을 하지요. 담백하고 고소하며 칼륨도 풍부한 두부를 넣은 강된장은 나트륨 배출을 도와주어 더욱 건강하게 먹을 수 있습니다.

재료　단단한 두부 1모, 양파 1/2개, 표고버섯 2개, 새송이버섯 1개, 대파 1대, 애호박 1/4개
　　　청양고추 1개, 홍고추 1개, 물 2컵, 다시마 5×5cm 2장
양념　된장 2큰술, 고추장 1큰술, 들기름 1큰술, 다진 마늘 1큰술, 꿀 2작은술, 깨소금 약간

만들기

1_ 두부는 키친타월로 감싸 물기를 빼고 칼등을 이용해 대충 으깬다.
2_ 양파와 애호박은 작게 깍둑썰고, 표고버섯과 새송이버섯은 밑동을 제거한 뒤 작게 깍둑썬다.
3_ 대파와 고추는 길게 반을 가른 뒤 잘게 송송 썬다.
4_ 약불로 달군 냄비에 들기름을 두르고 양파, 애호박, 다진 마늘, 대파를 넣어 볶아 준다.
5_ 양파가 투명해지면 1의 으깬 두부, 된장, 고추장, 꿀을 넣어 볶는다.
6_ 물과 다시마를 넣고 중불에서 끓인 뒤 끓어오르면 버섯을 넣고 끓인다.
7_ 두부에 간이 배고 국물이 졸아들면 고추, 깨소금을 넣고 한소끔 끓여 완성한다.

 물을 붓지 않고 되직하게 볶으면 볶음 쌈장을 만들 수 있다.

으깬두부김치찌개

모로 썬 두부를 넣고 끓인 김치찌개도 맛이 있지만 두부 속처럼 모든 재료를 으깨어 끓인 김치찌개도 색다른 별미요리가 됩니다. 한 숟가락 듬뿍 떠서 밥에 쓱쓱 비벼 먹으면 밥도둑이 따로 없지요.

재료   부드러운 두부 1모, 신김치 5~6줄기, 돼지고기(목살 혹은 앞다리살) 100g, 양파 1/2개
대파 1/4대, 청양고추 1개, 홍고추 1/4개, 다시마물 4컵, 식용유 적당량, 소금·후춧가루 약간씩

밑간   다진마늘 1/2큰술, 고춧가루 2작은술, 김칫국물 2큰술, 국간장 1작은술
참기름 2작은술, 설탕 1큰술, 깨소금 2작은술

만들기

1_ 두부는 키친타월로 감싸 물기를 제거한 뒤 칼등을 이용해 거칠게 으깬다.

2_ 김치는 가볍게 속을 털어 굵직하게 다지고 돼지고기는 입자가 씹히게 다진다.

3_ 두부, 돼지고기, 김치를 볼에 담고 분량의 밑간 재료를 넣어 살살 밑간하며 대충 섞는다.

4_ 양파는 굵직하게 채 썰고 대파와 고추는 어슷하게 썬다.

5_ 냄비를 달궈 식용유를 두르고 3의 두부와 돼지고기, 김치, 양파채를 넣고 중불에서 거칠게 달달 볶는다.

6_ 재료가 익으면 다시마물을 붓고 강불에서 한소끔 끓이다가 끓어오르면 약불로 줄이고 뚜껑을 덮어 20분 정도 끓인다.

7_ 대파와 청양고추, 홍고추를 넣고 소금과 후춧가루로 간을 맞추어 한소끔 끓여낸다.

 두부와 김치, 돼지고기의 질감이 살도록 거칠게 으깨거나 다지는 것이 포인트이다.

두부호박젓국찌개

두부는 거창한 요리를 하는 것보다 담백한 맛을 살려 단순하게 조리는 것이 매력적인 식재료입니다. 이 요리는 달콤한 애호박에 새우젓을 다져 넣은 고전적인 찌개 메뉴입니다.

재료
부드러운 두부 1모, 애호박 1/2개, 쪽파 2대, 홍고추 1/2개, 새우젓 1½큰술, 굵은소금 약간
다진 마늘 1/2큰술, 다시마물 3컵

만들기

1_ 두부는 사방 2cm 크기로 썰고 애호박은 도톰하게 반달모양으로 썬다.
2_ 쪽파는 3cm 길이로 썰고 홍고추는 어슷하게 썬다.
3_ 냄비에 분량의 물을 붓고 끓기 시작하면 썰어 놓은 애호박을 넣고 부드럽게 익힌다.
4_ 새우젓을 넣고 다진 마늘과 두부를 넣어 한소끔 더 끓으면 쪽파와 홍고추를 넣은 뒤 소금으로 부족한 간을 맞추어 완성한다.

 애호박 대신 늙은 호박이나 단호박을 이용해 끓여 낼 수도 있다.

두부고추장찌개

칼칼하면서 걸쭉한 것이 눈으로 보나 맛으로 보나 두말 할 필요없는 스테디셀러 밥
도둑 찌개입니다. 집에서도 좋지만 야외에 나가면 그 진가가 더욱 빛을 발하지요.

재료   단단한 두부 1모, 돼지고기 목살 100g, 애호박 1/4개, 양파 1/4개, 홍고추 1/4개, 대파 1/2대
           풋고추 1/2개, 다시마물 3컵, 식용유 적당량, 소금 · 후추 약간씩

고추장 양념   고추장 3큰술, 간장 2작은술, 고춧가루 1큰술, 다진 마늘 1큰술, 생강즙 1작은술, 청주 1큰술
           후춧가루 약간

만들기

1_ 두부는 면포로 감싸 10분 정도 두어 간수를 뺀 뒤 한입 크기의 납작한 직사각형
    모양으로 썬다.

2_ 돼지고기는 한입 크기로 썰고 볼에 분량의 고추장 양념을 모두 넣고 고루 섞어
    둔다.

3_ 애호박은 반달모양으로 썰고 양파는 채 썰고 대파, 고추는 어슷썬다.

4_ 2의 돼지고기에 고추장 양념의 절반만 넣고 골고루 버무려 밑간을 한다.

5_ 달군 냄비에 식용유를 두르고 돼지고기를 중불에서 볶아 익히다 다시마물을 붓
    고 끓인다.

6_ 국물이 팔팔 끓으면 거품을 제거한 뒤 애호박, 양파, 남은 양념을 넣고 끓인다.

7_ 애호박과 양파가 익으면 두부를 넣은 뒤 한소끔 더 끓이고 대파, 홍고추, 풋고추
    를 넣은 뒤 소금, 후춧가루로 간을 맞추어 낸다.

순두부찌개

담백하고 부드러운 순두부를 조미료의 도움 없이 맛있게 끓여 내기란 결코 만만치 않은 작업이지요. 이 요리는 차돌박이를 달달 볶아 고추기름을 내는 것이 포인트입니다.

재료   순두부 1봉지, 차돌박이 80g, 양파 1/3개, 신김치 1줄기, 대파 1/4대, 청고추 1개, 홍고추 1/4개
고춧가루 2큰술, 식용유 1큰술, 소금·후춧가루 약간, 다시마물 2컵, 국간장 2작은술, 달걀 1개

만들기

1_ 순두부는 숟가락으로 큼직하게 뜬 후 소금을 약간 뿌려 재워 둔다.
2_ 차돌박이는 한 장씩 떼어 적당한 크기로 썬다.
3_ 양파는 채 썰고 신김치는 속을 가볍게 털어 낸 뒤 채 썰고 대파와 청·홍고추는 어슷하게 썬다.
4_ 냄비에 식용유를 두르고 차돌박이와 양파, 고춧가루, 신김치를 넣고 매운내가 날 때까지 달달 볶는다.
5_ 4에 다시마물과 국간장을 넣고 한소끔 끓인 뒤 순두부와 고추, 대파를 넣고 우르르 끓여 부족한 간은 소금으로 더하고 달걀을 올려 낸다.

순두부를 오래 끓이면 부드러운 맛이 감소되므로 마지막에 넣고 우르르 끓인다. 순두부가 다 된 뒤 처음부터 고추기름을 넣고 재료를 달달 볶아 재료에서 감칠맛과 단맛이 우러나오게 한 다음 육수를 붓고 순두부를 떠 넣으면 순두부 전문점의 그 맛을 느낄 수 있다.

매콤두부버섯찌개

담백한 두부와 버섯이 만나 매콤한 찌개가 되면 깔끔한 맛이 나는 매운 맛이 매력적이지요. 두부의 크기는 기호에 따라 조절해도 됩니다.

재료	단단한 두부 1모, 애호박 1/3개, 양파 1/4개, 팽이버섯 1봉지, 표고버섯 2개, 새송이버섯 1개 대파 10cm 1대, 멸치육수 4컵, 소금·후춧가루 약간씩
매콤양념	고추장 1큰술, 고춧가루 1½큰술, 국간장 1큰술, 다진 청양고추 1개분, 다진마늘 1큰술

만들기

1_ 두부는 사방 1.5cm 크기로 썬다. 애호박, 양파는 두부 크기로 깍둑썰고 대파는 어슷하게 썬다.

2_ 팽이버섯은 밑동을 제거하고 반으로 자른 뒤 가닥을 나눈다.

3_ 표고버섯, 새송이버섯은 밑동을 제거하고 사방 1.5cm 크기로 깍둑썬다.

4_ 분량의 재료를 섞어 매콤양념을 만들어 둔다.

5_ 냄비에 대파와 두부를 제외한 모든 재료를 담고 양념을 올린 뒤 멸치육수를 부어 준다.

6_ 국물이 끓어오르고 버섯이 익으면 두부를 넣고 한소끔 더 끓인 뒤 대파를 올리고 부족한 간은 소금과 후춧가루로 더한다.

두부전골

두부에 소를 넣고 담백하게 끓이면 손님 상에 내어도 손색이 없는 두부 전골을 만들 수 있습니다. 곁들이는 채소는 계절에 따라 조금씩 변화를 주면 됩니다.

재료　쇠고기육수 2컵, 부드러운 두부 1½모, 다진 쇠고기 60g, 무 50g, 당근 1/4개, 양파 1/4개
　　　미나리 1줌, 배춧잎 4장, 말린 표고버섯 4장, 달걀 1개, 양지머리편육 적당량
　　　소금 · 후춧가루 · 녹말가루 · 식용유 약간씩
쇠고기육수　양지머리 200g, 다시마 5×5cm 1쪽, 양파 1/2개, 마늘 5톨, 물 5컵
쇠고기 · 표고 양념　국간장 1큰술, 다진 파 2작은술, 다진 마늘 1작은술, 참기름 1작은술, 후춧가루 약간

만들기

1　분량의 재료를 끓여 쇠고기육수를 만들고 육수를 우려 낸 뒤 양지머리는 얇게 썰거나 결대로 찢는다.

2　두부는 길이 3cm, 폭 3cm, 두께 1cm 정도로 썰어 소금을 약간 뿌린 뒤 키친타월로 물기를 제거하고 겉면에 녹말가루를 묻혀 달군 팬에 식용유를 두르고 노릇하게 굽는다.

3　볼에 쇠고기 · 표고 양념 재료를 모두 넣고 잘 섞는다.

4　다진 쇠고기에 준비한 3의 양념 절반 분량을 넣고 잘 버무린다.

5　말린 표고버섯은 물에 불린 뒤 채 썰어 3의 나머지 양념을 넣고 잘 버무린다.

6　무와 당근은 5cm 길이로 납작한 골패모양으로 썰고 배춧잎은 한입 크기로 저며 썬다.

7　양파는 길이로 채 썰고 미나리는 잎을 떼어 끓는 물에 살짝 데쳐 찬물에 헹군다.

8　달걀은 황백으로 나누어 지단을 부친 뒤 5×1cm 크기의 골패모양으로 썬다.

9　2의 두부에 4의 양념한 고기를 얇게 펴고 구운 두부로 덮은 뒤 미나리로 묶는다.

10　전골냄비에 준비한 채소와 양지머리편육, 9의 고기를 채운 두부를 돌려 담고 쇠고기 육수를 부어 한소끔 끓인다.

 두부는 구워서 넣어야 끓어오르는 동안 부서지거나 흩어지지 않는다.

두부스키야끼

스키야키는 '얇게 썰어서 굽다'라는 뜻으로 즉석에서 끓여 먹는 냄비(나베)요리입니다. 샤브샤브가 육수에 데쳐 먹는 탕과 같은 요리라면 스키야키는 전골 느낌의 자박한 국물요리지요.

재료 단단한 두부 1모, 애느타리버섯 1/2줌, 표고버섯 2개, 우엉 1/5대, 배춧잎 6장, 대파 1/2대
실곤약 100g, 쑥갓 · 소금 · 후추 약간씩

스키야키소스 달걀 1개, 소금 · 후추 약간씩

국물 가다랑어포국물 2컵, 간장, 맛술, 설탕 1/2컵씩

만들기

1_ 두부는 2cm 두께의 삼각형으로 썬 뒤 소금, 후추를 뿌려 두었다가 키친타월로 눌러 수분을 제거한다.

2_ 애느타리버섯은 밑동을 잘라 먹기 좋은 크기로 뜯어 놓고 표고버섯은 도톰하게 채 썬다.

3_ 배추는 3cm 길이로 썰고 대파는 어슷하게 썰고 실곤약은 3등분한다.

4_ 볼에 분량의 국물 양념을 고루 섞어 둔다. 달걀은 곱게 풀어 기호에 따라 소금과 후추로 간을 해 스키야키소스를 만든다.

5_ 전골 냄비에 재료들을 가지런히 담고 국물을 자작하게 부어 끓인 뒤 소스를 곁들여 낸다.

곁들임 재료는 기호에 맞게 바꾸어 주어도 좋다. 두부를 굽지 않고 생으로 낼 때는 면포에 1~2시간 정도 싸 두었다가 간수를 빼고 내어야 두부가 으스러져서 국물이 탁해지는 것을 막을 수 있다. 가다랑어포국물은 다시마와 물을 끓이다가 가다랑어포국물을 넣은 뒤 불을 끄고 2~5분 정도 두었다가 체에 걸러 만든다.

고기 대신 몽글몽글한 순두부를 넣고
향 짙고 색깔 예쁜 노오란 카레 만들어
한 끼 뚝딱 해결한다.
반찬이 마땅치 않아도
오늘 한 끼 맛있게 잘 먹는다.

PART 3

두부 in Daily Cook,

매일매일 한 가지씩 맛있는 요리

순두부조개와인찜

짭조름한 조갯국물에 부드러운 순두부를 큼직하게 떠 넣고 조린 요리로 우아한 술
찜이에요. 조갯국물이 쏙 배어든 두부를 떠 먹는 재미가 쏠쏠하지요.

재료 순두부 1봉지, 조개(바지락, 동죽, 모시조개 등) 500g, 화이트와인 1/2컵, 삶은 감자 1개
생강 1/2쪽, 마늘 2톨, 다시마물 1/2컵, 녹말가루 1큰술
소금 · 후춧가루 · 올리브유 · 파슬리가루 약간

만들기

1_ 순두부는 숟가락으로 큼직하게 잘라 체에 밭친 뒤 소금과 후춧가루를 살짝 뿌려
   둔다.
2_ 감자는 삶은 것으로 준비해 도톰하게 반달모양으로 썰고 생강과 마늘은 편썰기
   를 한다.
3_ 팬을 달궈 올리브유를 두르고 마늘과 생강을 넣고 향이 나게 볶은 뒤 조개와 화
   이트와인을 넣는다.
4_ 중불로 줄인 뒤 조개의 입이 벌어지도록 자글자글 끓인다.
5_ 삶은 감자와 체에 밭친 순두부와 다시마물과 녹말가루 섞은 것을 넣고 올리브유
   와 파슬리가루를 뿌리고 5분 정도 끓여 낸다.

순두부에 소금을 뿌려 두면 간수가 빠지면서 찰기가 생긴다. 두부는 조개가 익은 뒤 넣어야 풀어지
지 않는다.

•아게다시도후

아게는 '튀기다', 다시는 '완성하다', 도후는 '두부'입니다. 아게다시도후(あげだし とうふ)는 반죽옷을 입히지 않고 부드럽게 튀긴 연두부요리를 말합니다. 바삭한 겉 과 촉촉한 속살이 따뜻한 국물에 젖어 환상의 맛을 만들어 내지요.

재료   연두부 1모, 양파 1/6개, 쪽파 1대, 당근 약간, 가쓰오부시 약간, 녹말가루 · 식용유 적당량
맛국물   가다랑어포 1/4컵, 다시마 5×5cm 1장, 물 2컵, 맛술 3큰술, 간장 2큰술, 설탕 1큰술

만들기

1_ 말린 다시마와 물을 냄비에 담고 약불로 끓이다가 기포가 생기면 불을 끄고 가 다랑어포를 넣어 2분간 둔 뒤 국물만 체에 곱게 걸러 한김 식힌 후 맛술, 간장, 설탕을 섞어 맛국물을 만든다.
2_ 연두부는 키친타월로 감싸 체에 올려 20분 이상 물기를 충분히 뺀다.
3_ 양파와 당근은 곱게 채 썰어 찬물에 담가 아삭하게 한 뒤 물기를 제거하고 쪽파 는 송송 썬다.
4_ 연두부를 2등분하여 표면에 녹말가루를 골고루 묻힌다.
5_ 팬에 식용유를 넉넉하게 두르고 충분히 달군 뒤 연두부를 넣어 바삭하게 튀겨 낸다.
6_ 튀긴 두부를 식힘망에 올려 기름을 빼고 오목한 그릇에 담는다.
7_ 채 썬 양파와 당근, 송송 썬 쪽파, 가쓰오부시를 올리고 뜨겁게 데운 맛국물을 부어 낸다.

연두부의 간수를 충분히 제거한 뒤 녹말가루를 입혀야 연두부가 단단해져서 튀기는 동안 으깨지지 않는다.

순두부스크램블

부드러운 순두부와 달걀을 섞어 스크램블을 만들면 바쁜 아침이나 주말의 브런치로 제격이지요. 약간의 채소만 곁들이면 한 끼의 든든한 식사 역할을 단단히 해냅니다.

재료　　순두부 1봉지, 달걀 2개, 다진 양파 2큰술, 다진 마늘 1큰술, 어린잎채소 1컵, 토마토 1개
　　　　식용유 · 후춧가루 약간씩

밑재료　우유 1/3컵, 간장 2작은술, 참기름 2작은술, 소금 · 흰 후춧가루 약간씩

만들기

1_ 순두부는 키친타월로 감싸 하룻밤 냉장고에 두어 물기를 충분히 제거하고 몽글몽글하게 굵은 체에 내린다.
2_ 분량의 재료를 섞어 밑재료를 만들어 둔다.
3_ 어린잎채소는 잘 씻고 토마토는 초승달모양으로 썬다.
4_ 달걀을 곱게 풀어 밑재료와 잘 섞어 체에 내린 뒤 1과 섞는다.
5_ 중약불로 달군 팬에 식용유를 두르고 다진 양파와 다진 마늘을 볶아 향을 낸다.
6_ 5에 4를 넣고 젓가락으로 부지런히 저어 몽글몽글하게 익힌 뒤 어린잎채소와 토마토를 곁들여 낸다.

 순두부의 물기를 충분히 제거한 뒤 넣어야 스크램블에 물이 겉도는 것을 막을 수 있다.

두부브로콜리된장무침

두부는 식탁의 주인공이 될 수도 있지만 다른 식재료의 풍미를 돋우어 주는 재료로도 훌륭한 역할을 합니다. 맛이 껄끄러워 잘 먹지 않는 채소에 으깬 두부를 버무려 주면 부드러운 식감과 고소한 풍미로 채소 편식을 고칠 수 있게 도와주지요.

재료   브로콜리 1송이, 부드러운 두부 1/3모(100g), 통깨 · 검은깨 약간씩

된장소스   된장 1½큰술, 다시마물 3큰술, 호두 2쪽, 통깨 1큰술, 참기름 1큰술, 소금 약간

만들기

1. 브로콜리는 한입 크기로 송이를 나누어 데쳐 식히고, 두부는 면포나 키친타월에 올려 물기를 빼준 뒤 잘게 으깬다.
2. 호두는 뜨거운 물에 살짝 데쳐서 물기를 제거한다.
3. 2의 호두와 분량의 된장소스 양념 재료를 미니 블렌더에 넣고 곱게 갈아 한소끔 끓인다.
4. 볼에 두부와 된장소스를 넣고 잘 섞은 뒤 브로콜리를 넣고 조물조물 버무려 통깨와 검은깨를 뿌려 낸다.

명란두부구이

젓갈 먹기를 싫어하는 사람도 웬만하면 한 번쯤 시도해보는 것이 명란젓이지요. 명란젓으로 짭조름하게 양념한 두부구이는 밥반찬으로도 좋지만 술안주로도 제격입니다.

재료	단단한 두부 1모, 모차렐라치즈 1/2컵, 소금·후춧가루·식용유 약간씩
명란소	명란젓 1쪽, 다진 마늘 2작은술, 마요네즈 2큰술, 우유 1큰술, 송송 썬 쪽파 2큰술

만들기

1_ 두부는 4×5cm 정도 크기 2cm 두께로 썰어 소금과 후춧가루를 약간 뿌려 10분 정도 둔다.

2_ 1의 두부의 물기를 제거하고 가운데를 살짝 동그랗게 떠낸 뒤 식용유를 두른 팬에 노릇노릇하게 굽는다.

3_ 명란젓은 알만 긁어 내어 분량의 재료와 같이 섞어 명란소를 만들어 2에 도톰하게 올린 뒤 모차렐라치즈를 약간 뿌린다.

4_ 190도로 예열한 오븐에 넣고 10분 정도 굽거나 바닥이 두꺼운 팬에 뚜껑을 덮어 치즈가 녹을 때까지 구워 낸다.

 두부를 애벌로 구운 뒤 명란을 올려야 치즈를 올려 구울 때 두부가 으스러지거나 수분이 빠져나오지 않는다.

두부부추전

두부와 부추의 영양이 듬뿍 담긴 영양만점 요리입니다. 으깬 두부와 송송 썬 부추를 섞어 동그랗게 빚거나 납작하게 빚어 전을 부치면 입안에 두부의 고소함과 부추의 향이 가득 퍼지지요. 으깬 두부는 무침으로 부침으로 소재료로 다양하게 활용이 가능합니다.

재료	부드러운 두부 1모, 부추 1/4줌, 양파 1/4개, 당근 약간, 달걀 1개, 밀가루 적당량
	식용유 적당량, 소금 · 후춧가루 약간씩
초간장	간장 1큰술, 다시마물 1큰술, 식초 1큰술, 올리고당 1작은술

만들기

1_ 두부는 칼등으로 으깨어 면포에 넣고 물기를 꼭 짠다.

2_ 부추와 당근, 양파는 1cm 길이로 송송 썬다.

3_ 볼에 두부, 부추, 당근, 양파를 넣고 달걀과 밀가루로 농도를 맞추어 되직하게 반죽한다.

4_ 소금과 후춧가루로 간을 한 뒤 동글납작하게 빚는다.

5_ 달군 팬에 식용유를 넉넉히 두르고 4를 앞뒤로 노릇노릇하게 구워 초간장과 곁들여 낸다.

 두부를 한입 크기로 썰어 물기를 뺀 뒤 부추를 입혀 구워 내어도 좋다. 부추 대신 달래를 넣으면 봄날 상큼한 향으로 풍성한 계절을 맛볼 수 있다.

구운두부된장조림

두부는 여러 가지 양념에 조려 먹어도 별미가 됩니다. 짭조름한 된장 국물에 조려 먹으면 입맛이 없을 때 아주 좋은 반찬이 되지요.

재료	단단한 두부 1모, 양파 1/2개, 대파 1/4대, 청·홍고추 1/4개씩, 식용유 적당량
	소금·후춧가루 약간씩
된장조림장	다시마물 1½컵, 된장 1½큰술, 올리고당 1큰술, 청주 1큰술, 다진마늘 1큰술, 참기름 1작은술

만들기

1_ 두부는 키친타월로 감싸 물기를 제거하고 2cm 두께의 직사각형 모양으로 썰어 소금과 후춧가루를 약간씩 뿌려 밑간을 한다.
2_ 양파는 채 썰고, 대파는 4cm 길이로 썰고 청·홍고추는 어슷하게 썬다.
3_ 분량의 재료를 섞어 된장조림장을 만들어 둔다.
4_ 달군 팬에 식용유를 두르고 1의 두부를 넣어 앞뒤로 노릇하게 굽는다.
5_ 냄비에 양파채와 대파를 깔고 두부를 올린 뒤 조림장을 부어 강불로 끓인다.
6_ 끓어오르면 중약불로 줄이고 두부에 간이 배도록 조려 낸 뒤 청·홍고추를 올리고 우르르 끓여 낸다.

 두부를 구운 뒤 넣어야 조리는 동안 으스러지지 않는다.

두부숙주볶음

두부는 생으로 두면 부서지기 쉽지만 구우면 단단해져서 여러 가지 요리에 활용할 수 있습니다. 아삭한 숙주와 강불에서 볶아 낸 두부는 일품요리로도 좋아요.

재료 단단한 두부 1모, 숙주 300g, 청·홍피망 1/2개씩, 양파 1/4개, 고추기름 1큰술
다진 마늘 1/2큰술, 굴소스 1큰술, 올리고당 1/2큰술
다진 땅콩·소금·흰 후춧가루·식용유 약간씩

만들기

1_ 두부는 세모로 자른 뒤 소금과 흰 후춧가루를 뿌려 잠깐 두었다가 키친타월로 두드려 물기를 제거한다.
2_ 숙주는 다듬어 깨끗이 씻어주고 청·홍피망과 양파는 굵직하게 채 썬다.
3_ 달군 팬에 식용유를 두르고 1의 두부를 노릇하게 굽는다.
4_ 팬에 고추기름과 다진 마늘, 채 썬 양파를 넣고 볶아 향을 낸 뒤 채 썬 피망을 넣어 볶는다.
5_ 숙주와 두부를 넣고 굴소스, 올리고당을 넣어 강불에서 재빠르게 볶아 다진 땅콩을 뿌려 낸다.

 두부는 조금 짭조름하게 밑간을 하는 것이 좋다. 숙주는 강불에서 재빨리 볶아야 아삭아삭한 식감을 유지할 수 있다.

두부오삼두루치기

두루치기는 여러 가지 재료를 넣고 두루두루 볶는다고 해서 두루치기라는 조리법 자체가 요리명이 된 사례입니다. 간이 부드럽게 밴 두부를 먹는 맛도 일품이지요.

재료 　단단한 두부 1모, 오징어 1마리, 샤브용 삼겹살 한 줌(150g), 양파 1/2개
　　　양배추(손바닥 크기) 2장, 당근 1/3개, 깻잎 3장, 대파 1/4대, 청·홍고추 1/4개씩
　　　식용유 · 소금 · 후춧가루 · 통깨 약간씩
두루치기양념 　고추장 2큰술, 다시마물 2큰술, 간장 1큰술, 고춧가루 1½큰술, 설탕 1큰술, 조청 1큰술
　　　청주 1큰술, 다진 마늘 1큰술, 참기름 1큰술, 깨소금 1/2큰술, 후춧가루 약간

만들기

1_ 두부는 소금과 후춧가루를 뿌린 뒤 키친타월로 감싸 무거운 것으로 눌러 물기를 제거한다.
2_ 양파, 양배추, 당근, 깻잎은 한입 크기로 도톰하게 채 썰고 대파와 청·홍고추는 어슷하게 썬다.
3_ 오징어는 내장을 손질하고 소금으로 문질러 씻은 뒤 잔 칼집을 넣고 먹기 좋은 크기로 썬다.
4_ 분량의 재료를 섞어 두루치기양념을 만들어 둔다.
5_ 1의 두부를 도톰하게 네모로 잘라서 달군 팬에 식용유를 두르고 노릇하게 구워 준다.
6_ 달군 팬에 식용유를 두르고 두루치기양념을 넣고 볶아 되직해지면 샤브용 삼겹살, 양파, 양배추, 당근, 대파를 넣고 볶는다.
7_ 6에 오징어와 구운 두부를 넣고 볶다가 깻잎, 청·홍고추를 넣고 살짝 볶아 통깨를 뿌려 낸다.

 구이용 삼겹살은 익는 데 시간이 걸리므로 미리 익혀 내고 얄팍하게 썬 샤브용 삼겹살을 사용하는 것이 좋다.

콩나물두부찜

장바구니에 꼭 들어가는 콩나물과 두부. 도톰하게 썬 두부와 콩나물을 깔고 매콤하게 조리면 두부는 고소하고 콩나물은 아삭아삭 씹는 맛이 좋지요. 해물찜이나 아귀찜과는 또 다른 식감으로 남은 국물에 밥을 비벼도 별미입니다.

재료   단단한 두부 1모, 돼지고기(앞다리살) 80g, 찜용 콩나물 300g, 표고버섯 2장, 양파 1/2개
            풋고추 1개, 홍고추 1/2개, 미나리 10줄기, 다시마물 1/2컵, 청주 1큰술, 소금 약간

찜양념장   고추장 1큰술, 국간장 1큰술, 올리고당 2작은술, 고춧가루 2⅓큰술, 다진 파 1큰술
            다진 마늘 1큰술, 참기름 1/2큰술, 깨소금 1/2큰술, 후춧가루 약간

만들기

1_ 두부는 3cm 정도 두께로 네모로 썰어 끓는 물에 소금을 약간 넣고 데친 뒤 물기를 제거한다.

2_ 돼지고기는 굵직하게 채 썰고 콩나물은 꼬리를 다듬어 씻고 표고버섯과 양파는 도톰하게 채 썬다.

3_ 풋고추와 홍고추는 어슷하게 썰어 씨를 빼고 미나리는 잎을 떼고 5cm 길이로 썬다.

4_ 분량의 재료를 섞어 찜양념장을 만들어 둔다.

5_ 웍(궁중팬)에 다시마물 1/2컵과 청주, 돼지고기를 넣고 끓인다.

6_ 국물이 끓으면 콩나물과 표고버섯, 양파를 고루 섞어 깔고 두부를 올린 뒤 찜양념장을 뿌린다.

7_ 뚜껑을 덮고 강불로 끓여 콩나물의 숨이 죽으면 풋고추, 홍고추, 미나리를 넣고 가볍게 버무려 낸다.

 데친 두부를 접시에 깔고 매콤한 콩나물찜을 올려 내어도 괜찮다.

95

두부우엉잡채

잡채는 이름 그대로 여러 가지 재료를 채 썰어 무친 요리입니다. 당면 대신 두부를 넣은 깔끔한 맛의 날씬날씬 잡채예요.

재료   단단한 두부 1모, 우엉 1대, 양파 1/2개 청·홍피망 1/2개, 표고버섯 2개, 느타리버섯 1줌
        다시마물 1컵, 식용유·소금·참기름·후춧가루·통깨 약간씩
양념장   간장 3큰술, 설탕 1큰술, 조청 2작은술, 다진 마늘 2작은술, 깨소금 1큰술, 참기름 1큰술
        후춧가루 약간

만들기

1_ 두부는 키친타월로 감싸 물기를 제거하고 1cm 두께로 썰어 소금과 후춧가루를
   뿌려 밑간을 한 뒤 식용유를 두른 팬에 노릇하게 구워 식힌다.
2_ 우엉과 양파, 청·홍피망, 표고버섯은 6~7cm 길이로 채 썰고 느타리버섯은 밑
   동을 잘라 내고 가닥을 나눈다.
3_ 분량의 재료를 섞어 양념장을 만들어 둔다.
4_ 다시마물에 양념장을 넣고 두부와 우엉을 넣어 간이 배게 조린다.
5_ 팬에 식용유를 두르고 청·홍피망, 표고버섯, 느타리버섯을 각각 소금과 후춧가
   루로 간을 하여 볶아 식힌다.
6_ 4와 5를 볼에 담고 모자란 간은 소금과 후춧가루로 맞추고 버무려 참기름 약간
   과 통깨를 뿌려 낸다.

 두부와 우엉을 간이 배게 조리면 채소와 버무려도 부서지지 않는다.

두 가지 양념의 두부채소꼬치구이

두부를 꼬치에 꿰어 구우면 색다른 별미 반찬을 만들 수 있지요. 채소에 따라 알록달록 화려한 꼬치도 만들 수 있지만 새송이버섯과 대파만으로 담백하고 부담스럽지 않은 꼬치를 만들었습니다. 소스에 따라 자기 취향의 맛을 즐길 수 있고, 호젓한 밤 마음 통하는 사람과의 술안주로도 좋지요.

재료	단단한 두부 1모, 대파 1대, 새송이버섯 1개, 식용유 · 소금 · 후춧가루 약간씩
데리야키소스	물 1/2컵, 간장 2큰술, 설탕 2작은술, 조청 2작은술, 청주 1½큰술, 생강즙 2작은술 후춧가루 약간
미소소스	다진 땅콩 1큰술, 미소된장 1큰술, 다시마물 2큰술, 다진 파 2작은술, 다진마늘 1작은술 조청 1작은술

만들기

1_ 두부는 키친타월로 감싸 물기를 제거하고 반으로 포를 떠서 4등분한 뒤 소금과 후춧가루로 밑간을 한다.
2_ 대파와 새송이버섯은 두부와 같은 폭으로 자른다.
3_ 분량의 데리야키소스 재료를 냄비에 넣어 양이 절반으로 줄 때까지 졸인다.
4_ 분량의 미소소스 재료를 고루 섞어 소스를 만든다.
5_ 꼬치에 두부, 대파, 새송이버섯을 순서대로 꿰어 달군 팬에 식용유를 두르고 굽는다.
6_ 겉면이 노릇해지면 데리야키소스와 미소소스를 각각 발라가며 구워 완성한다.

 두부와 채소를 충분히 구운 뒤 소스를 발라야 두부가 부스러지지 않는다.

쇠고기 소를 채운 두부조림

단순한 두부조림도 변신이 가능해요. 두부 속에 소를 채워 두 가지 맛이 나게 한 조림을 만들면 식탁이 훨씬 풍성해지지요. 손이 여러 번 가는 음식이기 때문에 번거롭지만 손님 상에 활용하면 좋은 요리입니다.

재료	단단한 두부 1모, 쇠고기 다짐육 100g, 대파 1/4대, 양파 1/4개, 팽이버섯 1/2봉지
	고추기름 2작은술, 통깨 · 소금 · 후춧가루 약간씩
다짐육 밑간	간장 2작은술, 설탕 1작은술, 올리고당 1작은술, 다진 파 2작은술, 다진 마늘 1작은술
	깨소금 2작은술, 참기름 1작은술, 후춧가루 약간, 찹쌀가루 1작은술
조림장	다시마물 1컵, 간장 1큰술, 국간장 2작은술, 설탕 1큰술, 다진 마늘 2작은술, 청주 1큰술
	후춧가루 약간

만들기

1_ 두부는 키친타월로 감싸 수분을 제거하고 2등분한 뒤 2cm 두께로 썬다.

2_ 썬 두부 윗면을 구멍이 나지 않게 숟가락으로 파낸 뒤 소금과 후춧가루로 밑간을 하여 10분 정도 재운다.

3_ 다진 쇠고기를 분량의 양념으로 밑간을 하여 2의 두부에 도톰하게 채워 넣는다.

4_ 달군 팬에 고추기름을 두르고 3의 두부를 노릇하게 지져 덜어 낸다.

5_ 대파와 양파는 곱게 채 썰고 팽이버섯은 밑동을 자른 후 가닥을 나눈다.

6_ 분량의 재료를 섞어 조림장을 만들어 둔다.

7_ 두부를 지진 팬에 5의 채소를 살짝 볶다가 조림장을 넣고 한소끔 끓인다.

8_ 7에 4의 두부를 넣고 간이 배게 조린 뒤 통깨를 뿌려 낸다.

고기에 찹쌀가루를 섞으면 두부 속에 넣어도 떨어지지 않는다. 두부는 노릇하게 지져 낸 뒤 조려야 조리는 동안 으스러지지 않는다.

마파두부

마파두부는 곰보 할머니의 두부 요리란 뜻입니다. 사천 지방의 식당 주인이었던 곰보 부인이 가난한 상인을 위해 만들어 주었는데 그 맛이 일품이라 계속 이어져 현대의 우리까지 먹고 있는 유서 깊은 밥도둑 두부 요리지요.

재료   연두부 2모, 다진 돼지고기 100g, 고추기름 1큰술, 참기름 1작은술, 소금 약간
        물녹말(녹말 1큰술+물 1큰술)

양념   다진 파 3큰술, 다진 마늘 1큰술, 다진 생강 1작은술, 청주 1큰술, 두반장 2큰술, 굴소스 2작은술
        설탕 2작은술, 물 1½컵, 후춧가루 약간

만들기

1_ 연두부는 사방 1.5cm 크기로 썬 뒤 끓는 물에 소금을 넣고 데친다.

2_ 다진 돼지고기는 키친타월로 핏물을 가볍게 제거한다.

3_ 팬을 달구어 고추기름을 두르고 다진 파, 다진 마늘, 다진 생강을 넣고 향을 낸 뒤 다진 돼지고기를 넣어 볶는다.

4_ 돼지고기가 익으면 청주를 넣고 잡냄새를 제거한 뒤 두반장과 굴소스를 넣고 볶는다.

5_ 4에 물을 넣고 한소끔 끓어오르면 1의 두부를 넣고 끓인다.

6_ 설탕과 소금, 후춧가루로 간을 하고 물녹말을 2~3회에 나누어 넣으면서 농도를 맞춘 뒤 마지막에 참기름을 넣어 완성한다.

 두반장의 매콤하면서 톡 쏘는 시큼한 맛은 설탕을 약간 넣으면 부드럽게 잡을 수 있다. 연두부 손질이 어렵다면 부드러운 두부를 사용해도 된다.

두부장아찌

두부로 장아찌를 담근다고요? 이렇게 생각할 수 있지만 두부를 간장에 담가 장아찌를 만들면 오래 두고 입맛이 없거나 반찬이 없을 때마다 두어 쪽 꺼내 밥 한 그릇 달달하게 잘 먹을 수 있지요.

재료   단단한 두부 2모, 들기름 약간

장아찌물   간장 1컵, 청주 1/2컵, 올리고당 1/2컵, 물 2컵, 양파 1/2개, 대파 1/2대, 생강 1/4쪽, 마늘 5톨
다시마 5×5cm 1장

만들기

1_ 두부는 키친타월로 감싸 무거운 것으로 눌러 하룻밤 두어 물기를 제거하고 4~6등분한다.

2_ 달군 팬에 들기름을 넉넉히 두르고 두부를 넣은 뒤 노릇하게 색이 날 때까지 충분하게 구워 식혀 준다.

3_ 깊은 팬이나 냄비에 장아찌물 재료를 모두 넣고 끓이다가 끓어오르면 불을 줄여 준다.

4_ 조림장 양이 2/3 정도로 줄어들면 불을 끄고 구워 놓은 두부를 넣은 뒤 그대로 식힌다.

5_ 4가 식으면 밀폐용기에 담아 냉장 보관한다.

다음 날부터 먹을 수 있고 열흘 이상 보관하면 상할 수 있으므로 그때그때 만들어 먹는 것이 좋다.
모두부를 된장에 박아 두고 먹는 전통적인 방법의 두부장도 있다.

베이직두부조림

모두부에 달콤짭조름한 양념장을 끼얹어 조린 두부조림은 반찬이 마땅치 않을 때 효자 노릇을 톡톡히 합니다. 조림장은 간장만으로 할 수도 있고 고춧가루를 넣어 매콤하게 할 수도 있지요.

재료　　단단한 두부 1모, 양파 1/4개, 대파 1/2대, 청·홍고추 1/4개씩, 통깨 약간
조림장　다시마물 1½컵, 고춧가루 2큰술, 간장 2큰술, 올리고당 1큰술, 다진 마늘 2작은술,
　　　　고추장 1작은술, 참기름 1작은술, 후춧가루 약간

만들기

1. 두부는 키친타월로 감싸 물기를 빼고 2등분하여 2cm 두께로 썬다.
2. 양파와 대파는 굵직하게 채 썰고 고추는 어슷하게 썬다.
3. 분량의 재료를 섞어 조림장을 만들어 둔다.
4. 냄비에 양파와 대파를 깔고 두부를 올린 뒤 조림장을 잘 섞어 부어 준다.
5. 강불에서 끓이다가 끓어오르면 중약불로 줄이고 뚜껑을 덮는다.
6. 중간 중간 양념을 끼얹어가며 끓인 뒤 양념이 배어 들면 고추를 올리고 한소끔 끓인 뒤 불을 끄고 통깨를 뿌려 낸다.

 두부는 잘 으스러지므로 도톰하게 썰어 으스러지지 않도록 한다.

두부선

두부선은 두부를 곱게 으깨어 닭고기와 섞어 찐 요리로 궁중이나 반가에서 먹던 두부요리입니다. 손이 많이 가는 만큼 고급스러운 맛이 특징이지요.

재료 부드러운 두부 1모(300g), 닭안심 혹은 가슴살 100g, 말린 표고버섯 2개, 석이버섯 3장
      잣 1작은술, 달걀 1개, 실고추 약간

밑간양념 소금 1작은술, 설탕 1작은술, 다진 파 1작은술, 다진 마늘 1작은술, 참기름 1작은술
         깨소금 1작은술, 후춧가루 약간

겨자장 연겨자 1큰술, 물 2큰술, 식초 1큰술, 잣가루 2작은술, 꿀 1작은술

만들기

1_ 두부를 키친타월에 싸서 무거운 것으로 눌러 물기를 빼고 칼등으로 곱게 으깨어
   체에 내려 멍울이 없게 한다.
2_ 닭안심(가슴살)은 살만 발라서 곱게 다진다.
3_ 말린 표고버섯과 석이버섯은 불려서 비벼 깨끗이 손질하여 채 썰고 잣은 고깔을
   떼고 길이로 반을 가른다.
4_ 달걀은 흰자와 노른자를 나누어 지단을 부쳐 곱게 채 썰고 실고추는 3cm 길이
   로 자른다.
5_ 분량의 재료를 섞어 밑간양념을 만들어 둔다.
6_ 1의 으깬 두부와 2의 고기를 섞어 밑간양념을 넣고 고루 섞는다.
7_ 젖은 행주를 펴고 6의 양념한 두부를 1cm 두께의 직사각형으로 고르게 편 뒤 위
   에 버섯, 지단, 실고추, 잣을 고루 얹고 위에 젖은 행주를 덮어 살짝 누른다.
8_ 분량의 재료를 섞어 겨자장을 만들어 둔다.
9_ 찜통에 10분 정도 쪄 내어 한김 식힌 후 네모로 썰거나 모양 틀로 찍어 겨자장을
   곁들여 낸다.

 두부와 닭고기가 한 덩어리처럼 느껴지도록 충분히 곱게 으깨어 섞어 주어야 목넘김이 부드럽다.

두부김치소박이

반찬이 없거나 부족한 술안주에 가장 만만한 요리가 두부김치지요. 두부와 김치볶음을 따로 내지 않고 두부 속에 넣어 예쁘게 담아 내면 보기에도 좋고 특별한 대접을 받는 기분이 들지요.

재료　　단단한 두부 1모, 신김치 4~5줄기, 돼지고기(다짐육) 80g
　　　　통깨 · 소금 · 후춧가루 · 식용유 약간씩
볶음양념　고춧가루 2작은술, 고추장 2작은술, 간장 1작은술, 설탕 1큰술, 청주 1큰술, 다진 파 1큰술
　　　　다진 마늘 2작은술, 깨소금 2작은술, 참기름 2작은술, 후춧가루 약간

만들기

1_ 두부는 키친타월로 감싸 물기를 빼고 큼직하게 6등분한 뒤 밑이 뚫어지지 않게
엑스(X)자로 칼집을 넣고 소금과 후춧가루를 뿌려 밑간을 한다.
2_ 김치는 속을 대강 털어 내고 굵직하게 다진다.
3_ 분량의 재료를 섞어 볶음양념을 만들어 둔다.
4_ 볼에 신김치 다진 것과 돼지고기에 볶음양념을 섞어 버무려 둔다.
5_ 달군 팬에 식용유를 약간 두르고 1의 두부를 노릇노릇하게 구워 낸다.
6_ 5의 팬에 양념으로 버무린 돼지고기와 김치를 넣어 달달 볶는다.
7_ 5의 두부의 칼집을 벌려 6의 소를 도톰하게 채워 넣는다.

기존의 두부김치처럼 두부를 끓는 물에 데치거나 구워 낸 뒤 김치제육볶음을 곁들여 내어도 색다른
맛을 즐길 수 있다.

순두부가레

인도에는 가정마다 다른 커리가 있다고 알려져 있습니다. 커리가 일본으로 들어오면서 조리하기 쉽게 변한 것이 '카레'로 인스턴트 파우더나 고형카레를 이용하는데 고기 대신 몽글몽글한 순두부를 넣어 만들면 별미 카레요리를 할 수 있어요.

재료   순두부 1봉지, 감자·양파 1개씩, 당근 1/6개, 브로콜리 1/6개, 토마토 1개, 마늘 3톨
고형카레 2토막 혹은 카레가루 1/2컵, 물 4컵, 올리브유·소금·후춧가루 약간씩

만들기

1_ 순두부는 소금을 뿌려 체에 밭쳐 간수를 뺀다.
2_ 감자와 양파, 당근, 브로콜리는 한입 크기로 썬다.
3_ 마늘은 편으로 썰고 토마토는 과육만 한입 크기로 썬다.
4_ 냄비에 올리브유를 두르고 약불에서 양파와 마늘을 볶는다.
5_ 4에 감자와 당근을 넣고 중불로 올려 감자가 투명해질 때까지 볶는다.
6_ 5에 카레가루나 고형카레를 넣고 볶다가 물을 붓고 되직해질 때까지 주걱으로 저어 가며 끓인다.
7_ 6에 순두부를 숟가락으로 떠 넣고 브로콜리를 넣은 뒤 소금과 후춧가루로 간을 맞추어 불을 끄고 그릇에 담아 낸다.

순두부의 수분을 제거한 뒤 넣어야 카레가 묽어지지 않는다. 카레의 농도는 기호에 따라 조절하면 된다.

마라소스•연두부

마라는 마취, 마비를 뜻하는 '마'와 맵다는 뜻을 가진 '라'가 합쳐진 말로 먹으면 마비가 될 정도로 맵고 자극적인 향신료예요. 자극적이고 매운맛의 중독성 있는 마라는 마라탕으로 유명하지요. 산초, 후추, 정향, 팔각 등이 들어간 이 독특한 향신료를 소스로 만들어 두부에 뿌려 색다른 요리를 즐길 수 있어요.

재료	연두부 1모, 달걀 1개, 송송 썬 쪽파 1큰술, 산초가루 약간
마라소스	산초고추기름 3큰술, 두반장 2큰술, 중국간장 1큰술, 설탕 1큰술, 송송 썬 쪽파 2큰술
	다진 마늘 2작은술, 물 5큰술, 녹말가루 1큰술, 후춧가루 약간

만들기

1_ 분량의 재료를 섞어 마라소스를 만들어 둔다.

2_ 달걀을 잘 풀어 소금과 후추로 간한다.

3_ 1의 마라소스를 작은 팬에 넣고 살살 저어 가며 볶는다.

4_ 소스가 끓으면 연두부를 올리고 격자무늬로 칼집을 넣어준다.

5_ 소스를 자글자글 끓이다가 달걀물을 빙 둘러준 뒤 불을 줄인다.

6_ 달걀이 반쯤 익으면 송송 썬 쪽파와 산초가루를 뿌려 낸다.

 산초고추기름은 산초열매와 고추, 파, 마늘 등을 팬에 담고 식용유를 부어 은근하게 우려 내 체에 걸러 사용하거나 일반 고추기름에 산초열매를 넣고 향을 우려 사용할 수 있다.

기운 없고 입맛 잃어 입이 깔깔한 날엔
부드러운 두부와
냉장고 속 생채소를 모두 넣고
강된장 곁들여 쓱쓱 비비면
가출했던 입맛도 돌아오고 기운도 난다.
반찬이 없어도 한 그릇으로 충분하다.

PART 4

두부 in 든든 한 끼,

한 그릇으로 충분한 일품요리

연두부바지락된장죽

연두부는 찰랑찰랑한 식감이 좋아서 생식을 하거나 죽이나 수프를 끓일 때 사용하면 좋습니다. 조개와 된장을 넣고 구수하게 끓이면 속이 편한 한 끼의 일품요리가 됩니다.

재료   연두부 1모, 바지락살 1/2컵, 부추 1/6줌(15g), 양파 1/4개, 쌀 1/3컵, 참기름 2작은술
된장 2작은술, 다시마물 4컵

만들기

1_ 연두부는 체에 밭쳐 소금을 뿌려 물기를 빼고 쌀은 잘 씻어 1시간 정도 불린 다음 체에 밭쳐 물기를 뺀다.
2_ 바지락살은 소금물로 살살 씻어 체에 밭쳐 물기를 뺀다.
3_ 부추는 잘 씻어 1cm 길이로 송송 썰고 양파는 잘게 다진다.
4_ 분량의 다시마물에 된장을 넣고 푼다.
5_ 달군 냄비에 참기름을 두르고 쌀을 넣어 볶다가 된장 푼 물을 부어 끓인다.
6_ 5가 끓기 시작하면 바지락살과 양파를 넣고 바지락살이 익을 정도로 끓인다.
7_ 연두부를 큼직하게 썰어 넣고 마지막에 부추를 넣고 한소끔 끓여 낸다.

두부를 처음부터 넣으면 지저분하게 풀어지고 고소한 맛이 없어지므로 마지막 단계에 넣는다.

두부생채소비빔밥

정갈하게 나물을 데쳐 만든 비빔밥도 맛이 있지만 생채소를 넣고 부드럽게 으깨지는 두부를 넣은 두부비빔밥도 별미입니다. 미소소스나 강된장을 곁들여 비비면 가출했던 입맛도 돌아온답니다.

재료 부드러운 두부 1/2모, 치커리잎 3장, 양상추 2장, 빨간 파프리카 · 오이 1/3개씩, 현미밥 2공기
미소소스 미소된장 3큰술, 간양파 2큰술, 다진 마늘 2작은술, 다시마물 3큰술, 깨소금 1큰술, 참기름 1큰술

만들기

1_ 두부는 끓는 물에 살짝 데친 뒤 1×1cm 크기로 깍둑썬다.
2_ 치커리잎은 한입 크기로 뜯어 찬물에 담갔다 건지고, 양상추는 굵직하게 채 썰어 찬물에 담갔다 건진다.
3_ 빨간 파프리카와 오이는 5cm 길이로 곱게 채 썬다.
4_ 볼에 분량의 미소소스 재료를 넣고 고루 섞어 둔다.
5_ 대접에 현미밥을 담고 치커리, 양상추, 파프리카, 오이를 돌려 담은 뒤 두부를 올린 다음 미소소스를 뿌려 낸다.

 치커리잎 대신 깻잎이나 그 외 기호에 맞는 채소를 넣어도 맛있는 비빔밥을 만들 수 있다.

두부차돌박이된장덮밥

고기를 먹으러 가면 두부와 차돌박이를 넣은 된장찌개로 마무리를 하는 경우가 많습니다. 찌개 끓이기 귀찮은 날 덮밥 형태로 바꾸어 내면 한 끼가 뚝딱 해결되지요.

재료	단단한 두부 1/2모, 차돌박이 80g, 양파 1/4개, 당근 약간, 팽이버섯 1봉지, 송송 썬 쪽파 1대
	밥 2공기, 소금 · 후춧가루 · 식용유 · 녹말물 약간씩
된장소스	된장 2큰술, 다진 파 1큰술, 다진 마늘 2작은술, 올리고당 1큰술, 두반장 1/2작은술
	다시마물 1½컵

만들기

1_ 두부는 사방 1.5cm 크기로 잘라 소금과 후춧가루를 뿌린다.

2_ 양파와 당근은 곱게 채 썰고 팽이버섯은 밑동을 잘라 가닥을 나눈다.

3_ 분량의 된장소스를 한소끔 끓인 뒤 차돌박이를 한 장씩 떼어 넣고 익힌다.

4_ 차돌박이가 익으면 2의 채소를 넣고 한소끔 끓인다.

5_ 두부를 넣고 간이 배게 끓인 뒤 녹말물로 농도를 맞추고 송송 썬 쪽파를 뿌린 뒤 따뜻한 밥 위에 올려 낸다.

 차돌박이의 느끼한 맛이 싫다면 홍두깨살이나 우둔살처럼 지방이 없는 살코기 부위를 얄팍하게 썰어서 사용해도 무방하다.

불고기소스두부소보로덮밥

콩을 싫어하는 아이들에게 단백질을 보충해 주기 위해 저렴하면서도 간단하게 만들 수 있는 것으로 두부요리를 꼽을 수 있습니다. 하지만 두부마저 싫어하는 아이들이 있지요. 으깬 두부에 불고기 양념을 하면 감쪽같이 고기 맛을 낼 수 있어 편식하는 아이들에게 좋은 요리가 됩니다.

재료	밥 2공기, 후리가케 1큰술, 식용유 약간
두부볶음	두부 1모, 간장 2큰술, 올리고당 1큰술, 청주 1큰술, 다진 파 1큰술, 다진 마늘 2작은술
	깨소금 2작은, 참기름 2작은술, 후춧가루 약간
달걀볶음	달걀 2개, 다시마물 2큰술, 간장 1작은술, 청주 1큰술, 올리고당 2작은술, 흰 후춧가루 약간
오이볶음	오이 1개, 소금 · 흰 후춧가루 약간

만들기

1_ 볼에 밥과 후리가케를 넣어 섞어 고슬고슬하게 섞은 뒤 대접에 담는다.

2_ 칼등으로 두부를 으깬 뒤 면포로 물기를 꼭 짜고 아무것도 두르지 않은 팬에서 고슬고슬하게 볶는다.

3_ 두부가 고슬고슬하게 볶아지면 두부볶음 양념을 넣고 수분이 날아갈 때까지 다시 한 번 볶는다.

4_ 볼에 달걀볶음 재료를 넣고 잘 섞은 뒤 달군 팬에 식용유를 두르고 스크램블드에그를 만든다.

5_ 오이볶음은 오이를 굵게 다져 소금과 흰 후춧가루를 뿌린 뒤 15분 정도 재웠다 손으로 꼭 짜 물기를 제거하고 마른 팬에 오이를 넣어 수분이 날아가도록 재빨리 볶는다.

6_ 1의 그릇에 두부볶음, 달걀볶음, 오이볶음을 적당량씩 올려 비벼 낸다.

소스를 따로 만들지 않은 간편식이므로 볶음 들의 간을 약간 세게 해야 밥을 비벼 먹을 때 간이 잘 맞는다.

매운두부볶음밥

두부를 으깨어 약고추장 스타일로 볶아 두면 밥을 볶아 먹거나 찌개를 끓일 때 유용하게 사용할 수 있지요.

재료	밥 2공기, 자투리 채소(청피망, 홍피망, 양파, 당근 등) 3큰술, 달걀 2개, 식용유 적당량
	어린잎채소 · 통깨 약간씩
매운두부볶음	단단한 두부 1모, 고추장 2큰술, 간장 2작은술, 설탕 2작은술, 꿀 2작은술, 다진 마늘 2작은술
	깨소금 2작은술, 참기름 1큰술, 후춧가루 약간

만들기

1_ 두부는 칼등으로 으깨 면포로 물기를 짜고 아무것도 두르지 않은 팬에 고슬고슬하게 볶는다.
2_ 1에 나머지 매운두부볶음 양념을 넣고 윤기나게 볶아 낸다.
3_ 달군 팬에 식용유를 넉넉히 두르고 달걀 프라이를 반숙으로 익혀 덜어 낸다.
4_ 3의 팬에 자투리 채소와 밥을 넣고 고슬고슬하게 볶는다.
5_ 2의 매운두부볶음을 넣고 간이 배게 볶아 달걀 프라이와 어린잎채소를 곁들이고 통깨를 뿌려 낸다.

매운두부볶음은 냉장고에서 2주일 정도 보관이 가능하다. 넉넉히 만들어 두고 다양하게 활용할 수 있을 만큼 쓰임새가 좋다.

양파두부수프

속이 좋지 않거나 몸이 아플 때 주로 죽이나 부드러운 수프를 먹게 되지요. 두부와 양파를 넉넉히 넣은 크림수프는 속이 편하고 소화가 잘 됩니다.

재료　부드러운 두부 1모, 양파 1/2개, 물 1컵, 우유 2컵, 쪽파 2~3대, 단무지 2~3쪽
올리브유 1큰술, 물녹말 3큰술, 소금 · 후춧가루 · 고추기름 약간씩

만들기

1_ 양파는 입자가 약간 씹히도록 다지고 쪽파와 단무지는 곱게 다진다.
2_ 달군 냄비에 올리브유를 약간 두르고 양파가 투명해질 때까지 볶는다.
3_ 2에 대충 으깬 두부를 넣고 볶다가 물 1컵을 넣고 한소끔 끓인다.
4_ 3을 믹서기에 넣고 곱게 간다.
5_ 두부 퓌레를 냄비에 담고 우유 2컵을 부어 끓이다가 소금과 후춧가루로 간을 맞추고 물녹말을 풀어 농도를 맞추어 준다.
6_ 수프 그릇에 두부수프를 담고 송송 썬 쪽파와 단무지를 올린 뒤 고추기름을 뿌려 낸다.

 두부는 각자의 기호에 맞게 순두부나 연두부 등으로 바꾸어 사용해도 좋다.

두부조림김밥

김밥하면 햄이나 소시지가 꼭 들어가야 한다고 생각하지만 햄·소시지가 없어도 두부만으로 근사한 채식김밥을 만들 수 있습니다. 단단하게 구워서 조려 김밥을 싸면 나들이 길도 걱정이 없지요.

재료	두부 1모, 밥 2그릇, 참나물 1/4줌, 생표고버섯 2장, 당근 1/8개, 김밥용 단무지 2줄, 구운김 2장 소금·깨소금·참기름 약간씩, 식용유 5~6큰술
조림장	간장 2큰술, 올리고당 2큰술, 식초 2큰술, 청주 2작은술, 다시마물 4큰술

만들기

1_ 도톰한 막대 모양으로 자른 두부를 키친타월로 감싸 물기를 빼고 식용유를 넉넉히 두른 팬에 노릇노릇하게 튀기듯이 구워 키친타월에 올려 기름기를 뺀다.

2_ 소금을 약간 넣은 끓는 물에 참나물을 넣고 데친 뒤 소금, 깨소금, 참기름을 기호에 맞게 넣고 무친다.

3_ 표고버섯과 당근은 곱게 채 썰어 소금으로 간을 한 뒤 식용유를 약간 두른 팬에 각각 볶아 식힌다.

4_ 김밥용 단무지는 2~4등분하고 밥은 소금과 깨소금, 참기름으로 밑간을 한다.

5_ 분량의 재료를 섞어 조림장을 만들어 둔다.

6_ 팬에 조림장을 넣고 한소끔 끓인 뒤 1의 두부와 3의 표고버섯을 넣고 간이 배게 조린다.

7_ 김에 밥을 얇게 편 뒤 준비한 재료들을 김 가운데 넣고 돌돌 말아 한입 크기로 자른다.

 두부를 단단하게 튀긴 뒤 조려야 김밥을 말 때 부서지지 않는다.

두부골동면

골동면은 궁중에서 비빔국수를 높이 부르던 말입니다. 두부골동면은 고기 대신 두부를 짭조름하게 볶아 면과 비벼 먹는 요리입니다.

재료	국수(소면) 200g, 부드러운 두부 1모, 불린 표고버섯 3개, 오이 1/2개, 달걀 1개, 당근 1/6개
	통깨 · 소금 · 식용유 약간씩
밑간	간장 1큰술, 설탕 1/2큰술, 다진 파 1큰술, 다진 마늘 1작은술, 깨소금 1작은술, 참기름 2작은술
	후춧가루 약간
비빔간장	간장 4큰술, 설탕 2큰술, 깨소금 2큰술, 참기름 2큰술

만들기

1. 두부는 칼등으로 으깨어 물기를 짜고 표고버섯은 곱게 채 썰어 밑간 양념을 나누어 조물조물 무쳐 둔다.
2. 오이와 당근은 반을 갈라 어슷하고 얇게 썬 뒤 소금을 살짝 뿌려 절인다.
3. 달걀은 황백으로 나누어 지단을 부쳐 곱게 채 썬다.
4. 분량의 재료를 섞어 비빔간장을 만들어 둔다.
5. 두부와 표고버섯을 각각 식용유를 두른 팬에 간이 배게 볶아 낸다.
6. 오이와 당근은 살짝 헹구어 물기를 꼭 짜고 살짝 볶는다.
7. 넉넉한 물에 소면을 부드럽게 삶아 냉수에 바락바락 헹군 후 1인분씩 타래 지어 그릇에 담는다.
8. 고명을 넉넉히 올리고 통깨를 뿌린 뒤 비빔간장과 함께 낸다.

 번거롭더라도 재료들을 각각 볶아야 고명의 색이 선명해진다.

두부잔치국수

잔칫날 국수를 먹는 것은 장수를 비는 구복의 의미와 국수의 흰색으로 액을 떨치겠다는 주술적인 의미가 있지요. 하얀 두부를 넉넉하게 올린 국수는 면만 먹어 허전한 속을 달래는 데 그만이지요.

재료   단단한 두부 1/2모, 가지 1/3개, 애호박 1/4개, 달걀 1개, 소면 180g, 식용유 약간

양념   설탕 1/2작은술, 간장 1큰술, 액젓 1/2큰술, 다진마늘 1/2작은술, 참기름 1작은술

       후춧가루 · 깨소금 약간

장국   물 7컵, 황태대가리 1개, 무 1토막(80g), 다시마 5×5cm 2장, 국간장 1큰술, 소금 약간

만들기

1_ 냄비에 국간장과 소금을 제외한 장국 재료를 넣고 강불에 올려 끓어오르면 다시마를 건지고 중약불로 10분간 더 끓인 뒤 체에 거르고 국간장과 소금으로 간을 한다.

2_ 두부는 도톰하게 채 썰어 키친타월에 올린 뒤 소금을 약간 뿌려 물기를 빼고, 가지와 애호박은 반달모양으로 얇게 썬다.

3_ 팬에 식용유를 두른 뒤 두부의 겉면이 노릇해지도록 구운 뒤 두부를 덜어 내고 애호박, 가지 순으로 넣어 볶다가 양념을 넣어 간을 한다.

4_ 소면은 삶아서 찬물에 헹군 뒤 체에 밭쳐 물기를 빼고 1인분씩 그릇에 담는다.

5_ 1의 육수를 팔팔 끓인 뒤 달걀을 풀어 줄알을 친다.

6_ 4의 그릇에 뜨거운 줄알 육수를 붓고 구운 두부와 채소 볶음을 올린다.

 구운 두부 대신 순두부나 연두부를 부드럽게 끓여 내어 부어 주어도 좋다.

두부쌈장 • 양배추쌈밥

두부를 으깨어 넣고 만든 쌈장을 넉넉히 만들어 두면 쌈밥을 먹을 때 여간 요긴하지 않아요. 두부의 물기가 없어지도록 오래 볶아 주는 것이 포인트지요.

재료	단단한 두부 1모, 따뜻한 밥 2공기, 양배추 5장, 깨소금·참기름 약간씩
밑간	간장·참기름 2작은술씩, 다진 파·깨소금 1작은술씩, 설탕·다진 마늘 1/2작은술씩 후춧가루 약간
두부쌈장	두부 1모, 된장 2큰술, 다시마물 5큰술, 고추장 1작은술, 올리고당 1큰술, 깨소금 1큰술 참기름 1큰술, 후춧가루 약간

만들기

1_ 두부는 칼등으로 눌러 으깬 후 면포에 싸고 꼭 짜서 분량의 재료로 밑간을 하여 팬에 넣고 보슬보슬하게 볶는다.

2_ 1에 두부쌈장 재료를 넣고 되직하게 볶아 식힌다.

3_ 양배추는 잘 씻어 김이 오른 찜통에 10분쯤 쪄낸 뒤 심을 제거하고 김발에 넓게 편다.

4_ 3의 양배추에 깨소금과 참기름으로 간을 한 밥을 펴고 두부쌈장을 길게 올려 돌돌 말아 한입 크기로 잘라 낸다.

 한입 크기의 주먹밥 크기로 만든 뒤 양배추를 감싸 만들어도 좋다.

두부마요네즈와 매시드샌드위치

채식주의자들은 두부로 마요네즈를 만들어 먹지요. 달걀 대신 넣은 두부와 견과류가 고소하면서 부드러운 채식 마요네즈의 맛 포인트가 된답니다.

재료　　　통밀식빵 4장, 감자 1개, 오이 1/5개, 당근 1/6개, 플레인 요구르트 1큰술
　　　　　디종머스터드 · 통후추 · 소금 · 설탕 약간씩
두부마요네즈　부드러운 두부 1/2모, 캐슈넛 3큰술, 양파 1/4개, 올리브유 1/4컵, 올리고당 2큰술, 식초 2큰술
　　　　　디종머스터드 1/2작은술, 소금 약간

만들기

1_ 두부는 면포로 감싸 물기를 짜고 칼등을 이용해 곱게 으깬 뒤 나머지 재료와 함께 믹서기에 넣고 곱게 갈아 마요네즈를 만든다.
2_ 감자는 껍질을 벗기고 큼직하게 썰어 냄비에 감자가 반 정도 잠길 만큼 물을 붓고 익힌 뒤 볼에 넣어 으깬다.
3_ 오이와 당근은 가늘게 채 썰어 소금을 약간 뿌려 10분간 절인 뒤 물에 헹구어 꼭 짜고 다진다.
4_ 볼에 감자, 당근, 오이, 두부마요네즈, 플레인 요구르트, 설탕, 소금, 후춧가루를 넣어 골고루 섞는다.
5_ 통밀식빵은 기름을 두르지 않은 팬에 살짝 구워 한쪽 면에 디종머스터드를 발라준다.
6_ 4의 감자매시드를 올린 뒤 나머지 식빵으로 덮어 먹기 좋은 크기로 잘라 낸다.

 두부마요네즈는 냉장고에서 열흘 정도 보관이 가능하다. 두부의 수분을 꼼꼼하게 빼고 만든다.

두부패티로코모코

하와이 요리 중 하나로 흰 쌀밥 위에 햄버그와 달걀 프라이를 얹고 그레이비소스를 두른 것이 기본입니다. 주로 햄버거 패티를 올려 데미글라스소스를 뿌려 먹지만 이 책에서는 두부 패티에 깔끔한 간장소스를 곁들여 보았어요.

재료	밥 2공기, 다진 채소(파프리카, 양파, 청·홍피망, 당근 등) 1/4컵, 느타리버섯 1줌, 양파 1/4개
	데리야키소스 2큰술, 달걀 2개, 소금·후춧가루·식용유 약간씩
두부패티	부드러운 두부 1모, 다진 돼지고기 50g, 표고버섯 1개, 양파 1/4개, 당근 1/6개, 빵가루 2큰술
	밀가루 1큰술, 달걀노른자 1개, 소금·후춧가루 약간씩
간장소스	간장 1큰술, 청주 1/2큰술, 올리고당 1큰술, 참기름 1작은술, 깨소금 1작은술

만들기

1_ 두부는 으깨어 면포나 키친타월로 짜서 물기를 제거한다.

2_ 표고버섯, 양파, 당근은 다져서 식용유를 두른 팬에 볶다가 소금과 후춧가루로 간을 한다.

3_ 1과 2를 섞고 나머지 패티 재료를 섞어 치댄 뒤 2등분 해 동글납작하게 빚어 식용유를 두른 팬에 노릇하게 구워 낸다.

4_ 팬에 식용유를 두르고 달걀을 깨뜨려 반숙으로 프라이한다.

5_ 달군 팬에 식용유를 두르고 다진 채소를 볶아 향을 낸 뒤 밥을 넣고 고슬고슬하게 볶아 소금과 후춧가루로 심심하게 간을 하여 그릇에 담는다.

6_ 달군 팬에 식용유를 두르고 채 썬 양파와 느타리 버섯을 넣고 볶은 뒤 분량의 간장소스를 넣고 우르르 끓인다.

7_ 6에 두부패티를 넣고 살짝 조린 뒤 볶음밥 위에 담고 달걀 프라이를 올린 후 소스를 부어 낸다.

 돼지고기 다짐육을 굳이 섞지 않고 두부만으로 담백하게 만들어도 좋다. 데리야키소스 대신 데미그라스소스를 끼얹어도 된다.

두부치킨크림스튜

스튜는 수프보다 건더기가 많은 서양식 국물요리이지요. 닭가슴살과 두부를 함께 넣으면 건강보식으로도 좋아요.

재료 부드러운 두부 1모, 닭가슴살 1쪽, 당근 1/3개, 양파 1/2개, 감자 1개, 브로콜리 1/4개
밀가루 1큰술, 우유 1컵, 생크림 1컵, 식용유 · 소금 · 후춧가루 약간씩

만들기

1_ 두부는 키친타월로 감싸 물기를 제거한 뒤 2×2cm로 깍둑썰고 닭가슴살도 같은 크기로 깍둑썬다.
2_ 당근, 양파, 감자는 큼직하게 한입 크기로 깍둑썰고 브로콜리는 한입 크기로 떼어 끓는 물에 살짝 데쳐 찬물에 헹궈 둔다.
3_ 달군 냄비에 식용유를 두르고 닭가슴살을 넣고 소금과 후춧가루로 간을 하며 볶는다.
4_ 닭가슴살이 반 정도 익으면 당근, 양파, 감자를 넣고 소금과 후춧가루로 간을 하여 볶은 뒤 밀가루를 넣고 볶는다.
5_ 4에 우유와 생크림을 넣고 불에 올려 채소가 익을 때까지 끓이고 마지막에 두부와 브로콜리를 넣고 한소끔 더 끓여 소금과 후춧가루로 간을 한 뒤 그릇에 담아낸다.

 닭가슴살 대신 쇠고기나 돼지고기를 넣어도 괜찮다.

두부크림로제파스타

두부로 크림을 만들어 사용한 파스타입니다. 우유 생크림의 고소한 맛을 그대로 가지고 가면서 지방의 함량은 높지 않아 다이어트에 도움이 되지요.

재료	파스타면 140g, 바지락 1컵, 오징어 1/2마리, 칵테일새우 6마리, 화이트와인 2큰술, 토마토 1개 토마토소스 1컵, 물 1컵, 바질잎 · 굵은 소금 · 후춧가루 · 올리브유 약간씩
두부크림	순두부 1봉지, 다진 양파 3큰술, 다진 마늘 1큰술, 페퍼론치노 2개, 올리브유 약간

만들기

1_ 바지락은 굵은 소금으로 문질러 잘 씻고 손질한 오징어는 먹기 좋은 크기로 썰고 칵테일새우는 옅은 소금물에 흔들어 씻는다.

2_ 토마토는 끓는 물에 껍질을 벗겨 과육만 한입 크기로 깍둑썬다.

3_ 끓는 물에 소금을 약간 넣고 봉지에 표기된 시간만큼 파스타면을 삶아 건진다.

4_ 냄비에 올리브유를 두르고 다진 양파와 마늘, 페퍼론치노를 볶아 향을 낸 뒤 두부를 넣고 볶은 다음 믹서기에 곱게 갈아 두부크림을 만든다.

5_ 다른 팬에 해물과 화이트와인, 올리브유를 넣고 강불로 볶다가 토마토소스를 넣는다.

6_ 5에 4의 크림소스를 넣고 중약불에서 한소끔 끓인다.

7_ 6에 파스타면, 깍둑썬 토마토를 넣고 한소끔 끓여 소금과 후춧가루로 간을 한 다음 접시에 담고 바질잎을 올려 낸다.

 두부크림만으로 카르보나라 스타일의 파스타도 만들 수 있다.

두부면오일파스타

스파게티면 대신 두부로 만든 면을 사용한 파스타예요. 두부를 면으로 만들어 열량도 높지 않고 두부를 색다르게 즐길 수 있어요. 시판용 두부면은 넓은 면과 얇은 면이 있어요.

재료   두부면(넓은 면) 100g, 탈각중하(중새우) 5마리, 양파 1/4개, 마늘 5톨, 블랙올리브슬라이스 1큰술
썬드라이드토마토 2큰술, 소금 · 통후춧가루 · 엑스트라버진올리브유 · 파르메지아노치즈 약간씩

만들기

1_ 두부면은 체에 밭쳐 흐르는 물에 씻어 물기를 뺀다.
2_ 중새우는 잘 씻어 내장을 빼내고 소금과 후춧가루로 밑간을 한다.
3_ 양파는 도톰하게 채 썰고 마늘은 모양을 살려 슬라이스한다.
4_ 달군 팬에 올리브유를 넉넉히 두르고 양파와 마늘을 볶아 향을 낸다.
5_ 향이 나면 새우를 넣고 익힌 뒤 두부면을 넣고 가볍게 볶는다.
6_ 블랙올리브슬라이스와 썬드라이드토마토를 넣고 볶은 뒤 소금, 후춧가루로 간을 맞춘다.
7_ 접시에 두부면과 부재료 들을 예쁘게 담고 파르메지아노치즈를 갈아 낸다.

 도톰한 두부면은 파스타나 볶음 요리 등 가열 요리를 할 때 사용하면 좋다.

두부베이컨샌드위치

두부의 수분을 뺀 뒤 밑간을 하여 바삭하게 구운 다음 햄이나 달걀 대신 넣어 만든 샌드위치입니다. 곁들이는 재료를 기호에 따라 바꾸면 더욱 다양한 맛으로 즐길 수 있어요.

재료   단단한 두부 1모, 베이컨 4줄, 샌드위치용 식빵 4장, 양상추 2장, 양파 1/2개, 토마토 1개
마요네즈 · 식용유 적당량

양념   칠리소스 1큰술, 올리고당 1작은술, 머스터드 1작은술, 간장 2작은술, 후춧가루 약간

만들기

1_ 두부는 1.5cm 두께로 슬라이스하여 키친타월로 감싼 뒤 무거운 것을 올려 물기를 충분히 뺀다.

2_ 분량의 양념 재료를 잘 섞은 뒤 1의 두부에 골고루 바르고 식용유를 두른 달군 팬에 노릇하게 구워 낸다.

3_ 양상추는 적당한 크기로 뜯고, 양파는 곱게 채 썬 후 찬물에 담가 매운맛을 제거한다. 토마토는 도톰하게 슬라이스한다.

4_ 달군팬에 식용유를 약간 두르고 베이컨을 바삭하게 구워 준다.

5_ 기름을 두르지 않은 팬에 식빵을 살짝 구운 뒤 식빵의 한 쪽 면에 마요네즈를 발라 준다.

6_ 식빵 위에 양상추, 두부, 베이컨, 토마토, 양파 순으로 올리고 식빵으로 덮어 완성한다.

매일 먹는 똑같은 밥
두부 한 모면 번거로운 밀가루 반죽 하지 않고도
이탈리아의 파스타 요리 중 하나인
라자냐를 만들 수 있다.
반죽 대신 얇게 편으로 썰어
속재료와 층층이 쌓아 조리하면
브런치로도 좋고 손님 상에 내어도 뿌듯하다.

PART 5

두부 in Special Food,

특별한 날 즐기는 행복한 요리

두부반미샌드위치

베트남의 대표적인 길거리 메뉴인 반미샌드위치는 프랑스의 식민지였을 당시 바게트샌드위치를 베트남 식으로 만든 요리입니다. 쌀이 풍부한 나라답게 밀가루가 아닌 쌀가루로 만든 바게트를 사용해 고수, 당근과 무피클, 오이 등의 다양한 재료를 채워서 만들지요.

재료	단단한 두부 1모, 미니 바게트 2개, 달걀 2개, 오이 1/2개, 양파 1/4개, 쪽파 2줄기
	스리라차소스 · 고수 약간
당근무피클	당근 200g, 무 100g, 설탕 1/2컵, 식초 2/3컵, 소금 1작은술, 물 1컵
두부양념	피시소스 1큰술, 물 1큰술, 설탕 1작은술, 다진마늘 1작은술, 라임즙 1큰술, 베트남고추 1개
소스	마요네즈 4큰술, 스리라차소스 2큰술, 레몬즙 1작은술

만들기

1_ 무와 당근은 필러로 얄팍하게 벗겨 채 썰고 피클용 물, 설탕, 소금을 팬에 넣고 끓여 설탕과 소금이 녹으면 불을 끄고 식초를 넣어 완전히 식힌 뒤 채 썬 무와 당근을 담가 반나절 정도 냉장 보관한다.

2_ 두부는 키친타월로 감싸 물기를 빼고 얇게 슬라이스한다.

3_ 오이는 깨끗이 씻어 가시를 제거한 뒤 필러를 이용해 길쭉하고 얇게 자르고 쪽파는 송송 썬다.

4_ 달군 팬에 식용유를 두르고 2의 두부를 넣어 바삭하고 노릇하게 구운 뒤 분량의 두부양념을 넣어 간이 배도록 조린다.

5_ 볼에 분량의 소스 재료를 넣어 섞고 달걀은 반숙으로 프라이해 준비한다.

6_ 바게트는 반을 갈라 기름을 두르지 않은 팬에 바삭하게 구워 소스를 펴 바른다.

7_ 바게트 위에 오이, 물기를 뺀 무·당근 피클, 달걀 프라이, 두부를 차곡차곡 쌓은 뒤 쪽파, 고수를 올리고 기호에 따라 스리라차소스를 뿌려 완성한다.

 두부를 바삭하게 구워야 수분이 겉돌지 않는다.

두부미트볼그라탕

동그란 모양의 육원전이나 부침개가 한국의 소울푸드라면 미트볼은 서양의 소울푸드지요. 미트볼을 만들 때 두부를 섞으면 부드러운 식감이 좋아요. 또한 고기만을 이용한 미트볼보다 다이어트 효과도 있습니다.

재료	토마토소스 1컵, 모차렐라치즈 1/2컵, 브로콜리 1/2송이, 버터 2작은술
	다진 파슬리 · 올리브유 약간
두부미트볼	두부 200g, 다진 쇠고기 100g, 양송이버섯 3개, 양파 1/4개, 당근 1/8개
	다진 마늘 · 버터 2작은술씩, 달걀 1개, 빵가루 3~4큰술
	소금 · 후춧가루 · 올리브유 · 다진 파슬리 약간씩

만들기

1_ 두부는 칼등으로 으깬 뒤 면포에 감싸 물기를 꼭 짜 둔다.

2_ 브로콜리는 한입 크기로 송이를 나누어 끓는 물에 데쳐 낸다.

3_ 양송이버섯, 양파, 당근은 약간 씹힐 정도의 입자로 다진 뒤 올리브유를 두른 팬에 소금과 후춧가루를 약간 뿌려 달달 볶아 식힌다.

4_ 볼에 두부와 다진 쇠고기를 담고 볶은 채소를 담은 뒤 다진 마늘, 달걀, 소금, 후춧가루, 다진 파슬리를 넣어 대충 섞은 뒤 빵가루로 농도를 맞추며 끈기가 생기게 치댄다.

5_ 4의 반죽을 지름 3cm 크기로 동그랗게 빚은 뒤 달군 팬에 올리브유를 두르고 버터를 넣어 녹여 미트볼을 넣고 겉면이 노릇해지도록 굴리며 익힌다.

6_ 그라탕 용기에 토마토소스를 반 정도 얹고 미트볼과 브로콜리를 얹은 뒤 다시 토마토소스를 얹고 모차렐라치즈를 뿌려 180도 예열된 오븐에 10~15분 정도 치즈가 노릇하게 익을 때까지 익힌 뒤 다진 파슬리를 뿌려 낸다.

 두부의 물기를 짜고 볶은 채소를 넣어서 미트볼 반죽을 만들어야 익는 동안 갈라지지 않는다.

두부라자냐

라자냐는 이탈리아의 파스타 요리 중 하나로 반죽을 얇게 밀어 큼직하고 넓은 직사각형으로 자른 파스타를 속재료와 함께 층층이 쌓아 오븐에 구워 만든 요리입니다. 두부를 넓고 얇게 잘라서 라자냐 모양으로 만들면 색다른 맛의 파스타 요리가 탄생하지요.

재료 두부 1모, 애호박 1/3개, 가지 1개, 다진 마늘 1작은술, 다진 쇠고기 200g, 스파게티소스 1⅓컵 모차렐라치즈 1컵, 올리브유 · 파르메산치즈가루 · 소금 · 후춧가루 · 다진 파슬리 약간씩

만들기

1_ 두부는 넓은 모양을 살려 1.5cm 두께로 도톰하게 썰어 소금과 후춧가루로 간을 해 키친타월로 물기를 제거해 둔다.

2_ 애호박과 가지는 얇게 슬라이스한 뒤 아무것도 두르지 않은 달군 팬에 애호박과 가지를 앞뒤로 노릇하게 익혀 둔다.

3_ 달군 팬에 올리브유를 두르고 물기 뺀 두부를 앞뒤로 노릇하게 구워 덜어 둔다.

4_ 두부를 구워 낸 팬에 올리브유를 두르고 다진 마늘을 볶다가 다진 쇠고기를 넣고 후춧가루를 뿌려 볶는다.

5_ 오븐용 그릇에 구운 두부를 올리고 그 위에 스파게티소스를 바른 후 쇠고기, 애호박, 가지 순으로 올린 뒤 이 과정을 두 번 정도 반복하고 모차렐라치즈와 파르메산치즈가루를 듬뿍 뿌린다.

6_ 5를 200도로 예열된 오븐에 넣고 10~15분 정도 치즈가 녹을 때까지 구운 뒤 파슬리를 뿌려 낸다.

채소나 소스는 기호에 따라 바꾸어 사용해도 좋다.

간모도기

부들부들 으깬 두부 속에 채소나 다시마 등을 넣어 둥글고 약간 평평하게 빚어 중불에서 튀긴 일본식 두부완자 요리입니다. 맛이 기러기 같다 하여 간모도키라는 이름이 붙었어요.

재료	두부 1모, 당근 1/6개, 양파 1/4개, 대파 10cm 1대, 불린 톳(불린 다시마 다진 것) 2큰술 마 10cm 정도(100g), 손질된 새우 5마리, 식용유(튀김용) 적당량
반죽	달걀 1/2개, 전분 1큰술, 청주 1큰술, 간장 1작은술, 설탕 1/2작은술, 소금 · 통깨 · 참기름 약간씩
폰즈소스	다시마 우린 물 1컵, 간장 1큰술, 올리고당 1큰술, 레몬즙 1/2개분

만들기

1_ 두부는 체에 밭치거나 면포로 감싸 수분을 뺀 뒤 칼등을 이용해 곱게 으깬다. 마는 껍질을 벗기고 강판에 갈아 준다.
2_ 당근, 양파, 대파는 곱게 다진다. 불린 톳은 채소 크기로 다진다. 새우는 껍질과 내장을 제거하고 곱게 다진다.
3_ 1의 으깬 두부에 2의 채소, 톳, 새우와 반죽 재료를 넣고 잘 섞어 치댄다.
4_ 분량의 폰즈소스 재료를 섞어 소스를 만든다.
5_ 3의 반죽을 적당량 떼어 타원형의 완자를 만들어 160도의 기름에 노릇하게 튀겨 폰즈소스와 함께 곁들여 낸다.

 폰즈소스에 찍어 먹지 않고 살짝 조려 먹어도 맛이 좋다.

견과류두부강정과 두부시즈닝팝콘

두부시즈닝팝콘

견과류두부강정

견과류두부강정

재료　단단한 두부 2모, 견과류(아몬드 · 호두 · 땅콩 · 캐슈넛 등) 1/2컵, 녹말가루 3큰술
소금 · 검은깨 약간씩, 식용유 적당량

강정소스　물 3큰술, 간장 1½큰술, 케첩 1큰술, 올리고당 2큰술, 청주 1큰술, 다진 마늘 1작은술
후춧가루 약간

만들기

1_ 두부는 사방 2cm 크기로 자르고 소금을 약간 뿌려 수분을 제거한 뒤 녹말가루
에 살살 버무린다.

2_ 160도로 달군 식용유에 1을 넣고 서서히 노릇노릇하게 튀겨 낸다.

3_ 팬에 분량의 강정소스를 자글자글 끓인 뒤 튀긴 두부와 견과류를 넣고 버무린
다음 검은깨를 뿌려 완성한다.

두부시즈닝팝콘

재료　단단한 두부 2모, 녹말가루 1/2컵, 물 3큰술, 머스터드 1/2큰술, 후춧가루 약간, 식용유 적당량

시즈닝　간장 2큰술, 스위트 칠리소스 1큰술, 물 2큰술, 설탕 1큰술, 조청 2큰술, 간장 1작은술
다진마늘 1/2작은술, 흰 후춧가루 약간

만들기

1_ 두부는 키친타월에 올려 물기를 충분히 제거하거나 무거운 것을 10분 정도 올
려 물기를 뺀 뒤 통통한 직육면체로 자르고 팝콘 크기로 뚝뚝 떼어 낸다.

2_ 볼에 녹말가루, 물, 머스터드, 후춧가루를 넣어 고루 섞어 되직한 반죽을 만들어
1의 두부를 넣고 가볍게 버무려 준다.

3_ 2의 반죽을 알밤 크기로 떼어 170도로 예열한 튀김 기름에 넣어 서서히 노릇하
게 튀겨 낸다.

4_ 팬에 분량의 시즈닝 양념을 넣어 바글바글 끓어오르면 3의 튀긴 두부를 버무려
내거나 따로 곁들인다.

깐풍두부와 탕수두부

탕수두부

깐풍두부

깐풍두부

재료   단단한 두부 2모, 양파, 당근 1/4개씩, 대파 1/4대, 청양고추 · 홍고추 1개씩

소금 · 후추 · 녹말가루 약간씩, 식용유 적당량

튀김반죽   달걀흰자 1개 분량, 녹말가루 · 밀가루 3큰술씩

깐풍소스   물 6큰술, 간장 · 식초 3큰술씩, 설탕 1큰술, 후춧가루 약간

만들기

1_ 두부는 키친타월에 감싸 물기를 뺀 뒤 2.5×2.5cm 크기로 깍둑썰어 소금과 후추로 밑간을 하고 녹말가루를 묻혀 둔다.

2_ 양파, 당근, 대파, 청양고추, 홍고추는 잘게 다진다.

3_ 볼에 분량의 재료를 넣고 잘 섞어 튀김반죽을 만든다.

4_ 튀김 팬에 식용유를 붓고 160도로 예열한 뒤 1의 두부에 3의 튀김반죽을 묻혀 노릇노릇하게 튀겨 기름기를 빼고 그릇에 담는다.

5_ 달군 팬에 식용유를 두르고 2의 채소를 볶다가 분량의 깐풍소스 재료를 넣고 바특하게 끓여 4에 부어 낸다.

탕수두부

재료   단단한 두부 2모, 녹말가루 1/2컵, 오이 1/4개, 양파 1/4개, 당근 약간, 식용유 적당량

탕수소스   물 1/2컵, 간장 1큰술, 소금 1/3작은술, 설탕 3큰술, 식초 4큰술, 녹말가루 2작은술

만들기

1_ 두부는 사방 2cm로 깍둑썰어 물기를 뺀 후 녹말가루를 입혀 준다.

2_ 팬에 식용유를 넉넉히 두르고 160도 정도로 달군 뒤 1을 넣고 노릇노릇하게 튀겨 키친타월에 올려 기름을 뺀다.

3_ 오이와 당근은 길게 어슷썰고 양파는 굵게 채 썰어 식용유에 살짝 볶는다.

4_ 분량의 탕수소스를 저어 가며 걸쭉하게 끓인 뒤 3을 넣고 우르르 끓인다.

5_ 2의 튀긴 두부에 소스를 부어 내거나 곁들여 낸다.

두부 오코노미야끼

오코노미야키의 오코노미는 '좋아한다' '기호에 맞다'를 뜻하며, 야키는 '굽다'를 뜻합니다. 기호에 맞게 원하는 재료를 넣어서 부친 일본식 전병인데 끈적한 마 대신 부드러운 두부를 넣어 구워도 일품이지요.

재료	부드러운 두부 1모, 양파 1/4개, 양배추 1/6개, 숙주 1줌, 베이컨 3줄, 오징어 1/4마리 새우 4마리, 식용유 약간
반죽	튀김가루 1/2컵, 물 1/4컵, 달걀 1개, 소금·후춧가루 약간씩
토핑	돈가스소스 2큰술, 마요네즈 2큰술, 가츠오부시 1/2줌, 파슬리가루 약간

만들기

1_ 두부는 칼등을 이용해 곱게 으깬다.
2_ 양파와 양배추는 채 썰고 숙주는 깨끗이 씻어 준비한다.
3_ 베이컨과 오징어는 먹기 좋은 크기로 채 썰고, 새우는 껍질과 내장을 제거해 준비한다.
4_ 볼에 으깬 두부와 분량의 반죽 재료를 섞어 반죽물을 만든다.
5_ 4의 반죽에 양배추, 양파, 숙주, 오징어, 새우, 베이컨을 넣어 고루 섞는다.
6_ 달군 팬에 기름을 두르고 반죽을 올려 앞뒤로 노릇하게 굽는다.
7_ 오코노미야키 위에 돈가스소스를 바른 뒤 마요네즈를 뿌리고 가츠오부시를 올려 완성한다.

 해산물 대신 기호에 맞는 육류나 채소를 사용해 주어도 좋다.

두부불고기까나페

카나페는 프랑스어로 긴의자를 뜻하지요. 빵이나 크래커 위에 여러 가지 재료를 올려 먹는 오르되브르의 일종이지요. 크래커나 빵 대신 두부를 이용하면 부드러운 식감의 이색적인 카나페를 만들 수 있어요.

재료	단단한 두부 1모, 체더치즈 2장, 쇠고기 불고기감 60g, 표고버섯 1개, 양파 1/6개
	어린잎채소 · 소금 · 후춧가루 · 식용유 · 발사믹소스 약간씩
불고기양념	간장 2작은술, 설탕 1작은술, 다진 파 1작은술, 다진 마늘 1/2작은술, 깨소금 1작은술
	참기름 1작은술, 후춧가루 약간
머스터드소스	홀그레인머스터드 2작은술, 마요네즈 2큰술, 꿀 1작은술, 후춧가루 약간

만들기

1_ 두부는 반으로 포를 떠 4~6등분의 도톰한 직육면체 모양으로 잘라 키친타월에 올려 물기를 제거한 뒤 소금과 후춧가루를 뿌려 밑간을 한다.

2_ 체더치즈는 두부 모양으로 자르고 쇠고기 불고기감은 한입 크기로 잘라 분량의 양념에 밑간을 한다.

3_ 표고버섯과 양파는 곱게 채 썰어 불고기감과 함께 달달 볶아 식힌다.

4_ 1의 두부는 식용유를 약간 두르고 노릇하게 굽는다.

5_ 분량의 재료를 섞어 머스터드소스를 만들어 노릇노릇 구운 두부 한 쪽 면에 바른다.

6_ 두부 위에 치즈, 불고기, 어린잎채소를 올린 다음 발사믹소스를 뿌려 낸다.

 두부에 바른 소스는 기호에 따라 바꾸어 사용해도 좋다.

두부새싹월남쌈

쌀전병을 물에 불려 여러 재료를 싸 먹는 월남쌈은 베트남 음식이지만 지금은 세계인이 사랑하는 메뉴가 되었습니다. 바삭한 두부와 고소한 새싹을 넣고 돌돌 말면 다이어트에도 도움이 되지요.

재료	단단한 두부 1모, 새싹채소 2줌, 적양파 1/2개, 주황 · 빨간 파프리카 1/2개씩
	라이스페이퍼 12장, 소금 · 후춧가루 · 식용유 약간씩
두부조림양념	다시마물 2큰술, 간장 1작은술, 올리고당 1작은술
청양고추피시소스	피시소스(또는 액젓) 2큰술, 물 2큰술, 레몬즙 1큰술, 식초 1/2큰술, 다진 마늘 2작은술
	올리고당 1작은술, 송송 썬 청양고추 1개분, 송송 썬 홍고추 약간
땅콩소스	땅콩버터 1큰술, 우유 2큰술, 올리고당 1/2큰술, 머스터드 1/2작은술
	피시소스(또는 액젓) 1/2작은술, 다진 땅콩 1큰술, 다진 마늘 약간
스위트칠리소스	스위트칠리소스 3큰술, 레몬즙 1큰술, 스리라차소스 1큰술

만들기

1_ 두부는 키친타월에 올려 물기를 제거하고 1cm 굵기의 막대모양으로 썬다.

2_ 새싹채소는 흐르는 물에 씻은 뒤 체에 받쳐 그대로 물기를 빼고, 양파와 파프리카는 곱게 채 썬다.

3_ 1의 두부는 기름을 두른 팬에 노릇하게 구워 분량의 조림양념을 넣고 간이 배도록 조려 준다.

4_ 접시에 두부 새싹, 양파, 파프리카를 돌려 담는다.

5_ 분량의 소스 재료를 각각 섞어 두 가지 소스를 만든다.

6_ 라이스페이퍼를 따뜻한 물에 10초 정도 적신 후 접시에 놓고 두부와 새싹을 올리고 라이스페이퍼의 밑부분을 올려 접은 뒤 양쪽 옆 부분을 안으로 접는다.

7_ 6을 김밥 말듯이 돌돌 말아 기호에 맞는 소스를 찍어 먹는다.

손님상에 낼 때는 여러 가지 재료와 라이스페이퍼, 미지근한 물을 함께 서빙하고 앞접시를 주어 기호대로 싸 먹도록 하는 것이 좋다.

중화풍의 두부가지냄비

중국은 메인 요리를 원탁 테이블에 올리고 온 가족이 둘러 앉아 먹는 식사법이 발
달했어요. 원탁 테이블에는 여러 가지 요리가 올라가는데 두부나 채소 요리가 자주
올라가지요.

재료	부드러운 두부 1모, 가지 2개, 돼지고기 다짐육 1/2컵(100g), 녹말가루 1/3컵
	소금 · 후추 · 식용유 약간씩
다짐육 밑간	다진 파 2작은술, 다진 마늘 1작은술, 올리고당 1작은술, 소금 · 후추 약간씩
볶음양념	두반장소스 1큰술, 굴소스 1큰술, 올리고당 2큰술, 물 1/2컵, 녹말물 1큰술

만들기

1 두부는 1.5×3cm, 두께 1.5cm로 썰어 소금과 후추를 뿌려 10분 정도 둔 뒤 키친
  타월로 눌러 물기를 제거한다.
2 가지는 3cm 길이로 썰어 4등분한다.
3 위생팩에 두부와 가지, 녹말가루를 넣고 가볍게 흔들어 옷을 입힌 뒤 식용유를
  넉넉히 두른 팬에 노릇노릇하게 구워 낸다.
4 볼에 돼지고기 다짐육과 분량의 밑간 재료를 모두 넣고 고루 섞어 달군 팬에 볶
  는다.
5 분량의 재료를 모두 섞어 볶음양념을 만들어 둔다.
6 4에 볶음양념을 넣고 중불로 끓인 뒤 3의 녹말가루를 입힌 두부와 가지를 넣고
  간이 배게 볶아 낸다.

 두부와 가지를 단단하게 구워 내어야 소스에 버무렸을 때 형태가 망가지지 않는다.

상하이식 비파두부

중국 요리 중 상하이 요리는 바다와 인접하여 해물요리가 많고 장유(중국식 간장) 를 이용해 짭조름하고 달콤하게 요리하는 것이 특징입니다.

재료   단단한 두부 1모, 냉동 깐새우 2~3마리(40g), 게맛살 2줄, 대파 1/4대, 마늘 1쪽
            브로콜리 1/2송이, 식용유 적당량

두부밑간   녹말가루 2큰술, 달걀 1/2개, 청주 1작은술, 참기름 1작은술, 소금 · 후춧가루 약간씩

소스   물 1/3컵, 굴소스 1½큰술, 물녹말 1큰술, 참기름 1작은술, 후춧가루 약간

만들기

1_ 두부는 곱게 으깨어 면포로 눌러 수분을 제거한다.

2_ 새우살과 게맛살은 대파, 마늘은 잘게 다진다.

3_ 브로콜리는 먹기 좋은 크기로 송이를 나누어 끓는 물에 데쳐 식힌다.

4_ 으깬 두부와 새우살, 게맛살, 대파, 마늘을 고루 섞어 분량의 두부밑간 양념으로 끈기 있게 치댄 후 한입 크기 타원형으로 빚는다.

5_ 기름을 넉넉히 두르고 4의 두부완자를 노릇하게 구워 기름을 빼 낸다.

6_ 김이 오른 찜통에 5의 두부완자를 넣고 13~15분 찐다.

7_ 팬에 분량의 소스를 붓고 자글자글 끓인다.

8_ 접시에 브로콜리와 두부 완자를 담고 소스를 뿌려 낸다.

 두부의 수분을 제거하지 않으면 완자가 뭉치지 않고 깨진다.

두부얌운센

얌운센은 누들 샐러드로 타이의 음식이에요. 얌은 '새콤하다, 시다'의 뜻이고 운센은 '녹두당면'을 말해요. 쫄깃한 녹두당면 대신 간이 잘 배도록 얇은 두부면을 사용했어요.

재료　　　두부면(얇은 면) 100g, 작은 토마토 1개, 양파 1/4개, 적양파 1/4개, 노란 파프리카 1/4개
　　　　　샐러드채소 50g, 다진 땅콩 1큰술

타이드레싱　간장 1큰술, 피시소스 1큰술, 물 1큰술, 설탕 1큰술, 다진 마늘 1작은술, 식초 1큰술
　　　　　레몬즙 2큰술, 고추기름 1작은술

만들기

1_ 두부면은 체에 밭쳐 흐르는 물에 씻어 물기를 제거한다.
2_ 분량의 재료를 섞어 타이드레싱을 만든다.
3_ 토마토는 잘 씻어 초승달 모양으로 자르고 양파, 적양파, 노란 파프리카는 곱게 채 썰어 찬물에 담갔다 건진다.
4_ 샐러드채소는 찬물에 담갔다 건진다.
5_ 모든 재료를 고루 섞어 샐러드 볼에 담고 타이드레싱을 뿌린 뒤 다진 땅콩을 듬뿍 뿌려 낸다.

 얌운센은 원래 녹두 전분이나 타피오카로 만든 버미셀리라는 얇은 누들을 사용하지만 얇은 두부면을 대체해 사용해도 좋다. 얇은 두부면은 간이 빨리 배기 때문에 샐러드용으로 적합하다.

홍쇼두부

홍쇼두부의 홍은 붉은색을, 소는 재료를 기름에 볶아서 육수나 조미료를 넣어 조리는 요리법을 말합니다. 홍고추를 넣고 깔끔하게 만든 대표적인 중국식 두부요리라 할 수 있어요.

재료	단단한 두부 2모, 돼지고기 50g, 청경채 2포기, 죽순 30g, 불린 표고버섯 2개, 홍고추 1개
	양송이버섯 2개, 대파 15cm 1대, 마늘 3쪽, 생강 1/5쪽, 식용유 약간
	물녹말(물 1큰술+녹말 1큰술) 약간, 소금 · 후춧가루 약간씩
소스	굴소스 1큰술, 간장 2작은술, 다시마물 1컵, 청주 1작은술, 참기름 1작은술

만들기

1_ 두부는 사방 5cm, 두께 1cm 정도의 삼각형으로 썰어 소금을 약간 뿌려 넉넉히 기름을 두른 팬에 노릇하게 구워 낸다.

2_ 대파는 4cm 길이로 잘라 편으로 썰고 마늘과 생강도 편으로 썰고 홍고추는 씨를 제거하여 도톰하게 채 썬다.

3_ 청경채는 먹기 좋게 2~4등분하고 죽순은 석회질을 제거한 뒤 빗살모양으로 썬다.

4_ 표고버섯은 기둥을 제거한 뒤 편으로 썰고 양송이버섯은 모양을 살려 슬라이스한다.

5_ 돼지고기는 납작하게 편으로 썰어 소금과 후춧가루로 밑간을 한다.

6_ 달군 팬에 기름을 두르고 생강, 마늘, 대파를 넣어 향을 낸 뒤 청주를 넣는다.

7_ 표고버섯, 홍고추, 죽순, 양송이버섯, 청경채를 순서대로 넣어 볶고 살짝 익힌 돼지고기를 넣고 볶아 완전히 익힌다.

8_ 7에 소스 재료를 넣고 우르르 끓인 다음 물녹말을 조금씩 넣어 농도를 맞춘 다음 튀긴 두부를 넣고 고루 섞는다.

 두부를 구울 때 기름을 넉넉히 둘러 튀기듯이 구워야 겉은 바삭, 속은 촉촉한 두부요리가 된다.

두부견과류고로케

고로케는 서양요리인 크로켓이 일본에서 변형된 요리예요. 감자나 고구마 같은 서류(薯類)를 이용해 소를 만들지만 두부를 이용해도 맛있는 고로케 소를 만들 수 있어요.

재료　부드러운 두부 2모, 돼지고기 다짐육 1/2컵(100g), 견과류(호두, 아몬드, 캐슈넛 등) 2큰술
　　　양파 1/4개, 당근 1/10개, 빵가루 2큰술, 소금 · 후춧가루 · 식용유 약간씩
튀김옷　달걀 1개, 밀가루 · 빵가루 적당량씩

만들기

1　두부는 키친타월에 올려 물기를 충분히 제거한 뒤 칼등을 이용해 곱게 으깬다.
2　양파, 당근은 곱게 다지고 견과류는 기름을 두르지 않은 팬에 볶아 굵직하게 다진다.
3　식용유를 두른 팬에 2의 채소, 돼지고기 다짐육을 함께 넣어 볶고 키친타월에 올려 기름을 뺀다.
4　볼에 으깬 두부와 견과류, 3의 채소, 고기볶음, 빵가루를 넣고 소금과 후춧가루로 간을 한 뒤 고루 섞어 치댄다.
5　4를 적당량 떼어 둥글 납작하게 모양을 빚은 뒤 밀가루, 달걀물, 빵가루 순으로 튀김옷을 입힌다.
6　170도로 예열한 기름에 넣어 노릇하게 튀겨 낸다.

속재료는 모두 익은 것이므로 겉면이 노릇해질 때까지만 튀긴다. 기호에 따라 케첩이나 머스터드를 곁들이면 좋다.

두부스프링롤

속재료를 춘권피나 라이스페이퍼에 싸서 튀긴 요리를 스프링롤이라고 해요. 여러 가지 재료를 넣을 수 있지만 두부를 넣으면 속재료의 부드러운 질감이 느껴져서 먹기에도 좋습니다.

재료 단단한 두부 1모, 춘권피 10~15장, 표고버섯 4개, 부추 1/2줌, 달걀 1개
소금 · 흰 후춧가루 · 참기름 약간씩, 달걀 흰자 1개분, 식용유 적당량

만들기

1_ 두부는 물기를 제거한 후 통통한 직육면체로 자른 뒤 소금과 흰 후춧가루를 뿌리고 달군 팬에 식용유를 두른 뒤 노릇하게 구워 식힌다.
2_ 표고버섯은 기둥을 제거하여 다지고 부추는 1cm 길이로 송송 썬다.
3_ 팬을 달궈 식용유를 두르고 달걀을 잘 풀어 젓가락으로 저어 가며 익힌 후 넓은 그릇에 펼쳐 식히고, 표고버섯과 부추도 볶아 식힌다.
4_ 볼에 1의 두부, 3의 달걀과 채소를 넣어 잘 섞고 소금, 후춧가루, 참기름으로 간을 해 소를 만든다.
5_ 춘권피는 마름모 모양으로 펼쳐 만들어 둔 소를 가운데 올린 뒤 위로 올려 접어 가장자리에 물을 발라주고 양쪽 모서리를 가운데로 모아 접어 돌돌 말아 스틱 모양으로 만든다.
6_ 170도로 예열된 기름에 겉이 노릇해질 때까지 튀긴 뒤 키친타월에 올려 기름기를 뺀다.

 두부를 으깨어 만두소처럼 튀겨도 좋다.

데리야끼두부김말이

일반적으로 김말이는 당면을 김에 돌돌 말아 묽은 튀김 반죽물을 입혀 기름에 튀기지만 이 요리는 우리가 알고 있는 김말이튀김이 아닌 김말이조림이에요. 부드러운 순부두 요리라 먹고 나서 속도 편하고 맛있어요.

재료 순두부 1모, 김밥용김 1장, 녹말가루 3~4큰술, 식용유 5큰술, 송송 썬 쪽파 1큰술, 통깨 약간
데리야키소스 간장 2큰술, 맛술 2큰술, 설탕 1큰술, 올리고당 1큰술, 다시마물 4큰술

만들기

1_ 순두부는 봉지에서 조심스럽게 꺼내 김밥용김 위에 올려 돌돌 말아준다.
2_ 김이 수분을 흡수하면 도톰하게 썰어 녹말가루를 고루 입힌다.
3_ 중불로 달군 팬에 식용유를 넉넉히 두르고 2를 올려 앞뒤로 노릇하게 굽는다.
4_ 표면이 단단해지면 키친타월로 남은 기름을 닦아 낸다.
5_ 분량의 재료를 고루 섞어 데리야끼소스를 만들어 4에 붓고 강불로 끓인다.
6_ 끓어오르면 중불로 줄여 간이 배도록 조린다.
7_ 접시에 담고 송송 썬 쪽파와 통깨를 뿌려 낸다.

 김밥용김을 사용해야 김옷이 예쁘게 말린다. 김이 수분을 흡수하면 탱글탱글해져 자르기 편하다.

두부치즈도넛

두부를 반죽해 도넛 모양으로 튀겨 낸 요리로 조금 손이 가지만 아이들 간식으로나 술안주로 아주 좋아요.

재료	단단한 두부 1모, 감자 1/2개, 양파 1/8개, 당근 1/10개, 체더슬라이스치즈 1장 모차렐라치즈 1/2컵, 소금 · 후춧가루 · 설탕 약간씩, 식용유 적당량
튀김옷	달걀 깬 것 1개, 밀가루 · 빵가루 적당량씩

만들기

1_ 두부는 키친타월에 올려 물기를 빼고 칼등을 이용해 곱게 으깬다.

2_ 양파, 당근은 곱게 다진다. 슬라이스치즈는 손으로 잘게 뜯거나 다져 모차렐라
치즈와 섞는다.

3_ 감자는 껍질을 벗겨 2등분 해 냄비에 담고 감자가 잠길 정도로 물을 부은 뒤 소
금을 약간 넣어 삶아 뜨거울 때 곱게 으깨 한김 식힌다.

4_ 볼에 으깬 두부, 감자, 채소를 넣고 고루 섞은 뒤 소금과 후춧가루로 간을 한다.

5_ 4의 반죽을 한입 크기로 떼어 치즈를 넣고 오므려 둥글게 빚거나 도넛 모양을
만든 뒤 밀가루, 달걀물, 빵가루 순으로 튀김옷을 입힌다.

6_ 170도로 예열된 기름에 넣고 노릇하게 튀긴 뒤 키친타월에 올려 기름을 빼고 설
탕을 뿌려 낸다.

 너무 오래 튀기면 치즈가 흘러나와 까맣게 탈 수 있으므로 주의한다.

발사믹소스의 두부스테이크

두부는 채식을 하는 분들이나 다이어트 중인 분들에게 양질의 단백질을 공급할 수 있는 좋은 식재료입니다. 두부를 구워 진한 소스와 채소를 곁들여 먹으면 스테이크도 만들 수 있어요.

재료　단단한 두부 1모, 표고버섯 1개, 느타리버섯 1/2줌, 양파 1/4개

방울토마토 · 베이비채소 · 소금 · 후춧가루 · 식용유 적당량

발사믹소스　발사믹식초 3큰술, 간장 1큰술, 올리고당 2큰술, 물 2큰술, 다진 마늘 1작은술

소금 · 후춧가루 약간씩

만들기

1_ 두부는 키친타월로 감싸 수분을 제거하고 3~4등분으로 큼직하게 썬 뒤 소금과 후춧가루를 뿌려 밑간을 한다.

2_ 표고버섯은 밑동을 떼어낸 뒤 곱게 채 썰고 느타리버섯을 밑동을 자르고 손으로 가닥을 나누고 양파는 곱게 채 썬다.

3_ 방울토마토는 잘 씻어 꼭지를 따고 2~4등분한다.

4_ 달군 팬에 식용유를 두르고 두부를 앞뒤로 노릇하게 구운 뒤 토마토를 넣고 재빨리 구워 낸다.

5_ 두부를 구워 낸 팬에 2의 버섯과 양파를 넣고 볶다가 분량의 발사믹소스 재료를 넣고 볶아 소스를 만든다.

6_ 접시에 4의 두부를 담고 방울토마토와 베이비채소를 곁들이고 5의 소스를 올려 완성한다.

 두부는 기호에 맞게 크기와 모양을 달리하여 잘라 내어도 좋다.

에어프라이어 두부스테이크

주방 도구의 혁명이라 할 수 있는 에어프라이어를 이용한 요리예요. 두부 한 모면 든든하게 한 끼 식사를 할 수 있어요. 단백질이 풍부한 두부에 각종 채소를 곁들이면 특별한 소스가 없어도 맛있는 스테이크를 먹을 수 있지요.

재료　부드러운 두부(찌개용) 1모, 마늘종 3줄기, 빨간 파프리카 1/3개, 노란 파프리카 1/3개
양파 1/3개, 가지 1개, 허브소금 1작은술, 통후춧가루 적당량, 엑스트라버진올리브유 3큰술

만들기

1_ 두부는 키친타월로 감싸 물기를 제거하고 격자무늬로 칼집을 넣는다.
2_ 마늘종은 먹기 좋은 크기로 자르고 파프리카는 도톰하게 썬다.
3_ 양파는 꼭지가 나누어지지 않게 초승달 모양으로 썰고 가지는 도톰한 초승달 모양으로 썬다.
4_ 에어프라이어 팬에 기름종이를 깔고 채소와 두부를 올리고 허브소금과 통후춧가루를 뿌린다.
5_ 엑스트라버진올리브유를 뿌리고 180도의 에어프라이어에서 20~25분 굽는다.
5_ 접시에 담아 그냥 먹거나 스테이크 소스 혹은 발사믹소스를 뿌려 먹는다.

에어프라이어를 이용하면 겉면은 바삭하고 속은 촉촉한 두부스테이크를 만들 수 있다. 굽는 동안 수분이 적당히 빠져 소스를 곁들이지 않아도 맛있다.

두부스피니치

스피니치는 시금치가 들어가 초록색이 나는 소스 요리로 바게트 등의 빵에 찍어 먹거나 스테이크 소스로 활용하기 좋습니다. 두부를 넣으면 고소한 맛이 더욱 특별해지지요.

재료 부드러운 두부 1모, 시금치 10포기, 양파 1/4개, 다진 마늘 1작은술, 버터 1큰술, 우유 1컵
생크림 1/2컵, 소금 · 후춧가루 약간씩, 파르메산치즈가루 3큰술, 모차렐라치즈 1/2컵

만들기

1_ 두부는 키친타월에 올려 물기를 제거하고 칼등을 이용해 곱게 으깬다.
2_ 시금치는 밑동을 제거하고 흐르는 물에 씻어 물기를 빼고 2cm길이로 송송 썬다. 양파는 곱게 다진다.
3_ 팬에 버터를 녹여 양파와 다진 마늘을 넣고 볶다가 양파가 투명해지면 우유와 생크림을 넣어 끓인다.
4_ 우유와 생크림이 끓어오르면 1의 두부와 2의 시금치를 넣고 걸쭉해질 때까지 끓은 뒤 소금과 후춧가루로 간을 한다.
5_ 그릇에 담고 파르메산치즈가루와 모차렐라치즈를 올려 200도로 예열한 오븐에서 5~7분간 구워 치즈를 노릇하게 녹인다.

 기호에 따라 바삭하게 구운 베이컨칩을 곁들여도 좋다.

구운두부타코 with 살사소스

타코는 토르티야 위에 다양한 요리를 올려 만든 멕시코 전통요리입니다. 주로 고기를 곁들여 내는데 고기 대신 구운 두부를 넣어 색다른 변화를 주었습니다.

재료	단단한 두부 1/2모, 토르티야 · 양상추 2장씩, 토마토 1개, 체더슬라이스치즈 2장, 식용유 적당량
두부양념	토마토소스 3큰술, 다진마늘 1작은술, 고운 고춧가루 1/2작은술, 후춧가루 약간
살사소스	다진 토마토 4큰술, 다진 양파 2큰술, 다진 청양고추 1큰술, 블랙올리브슬라이스 2작은술
	핫소스 2작은술, 올리브유 2큰술, 레몬즙 2큰술, 설탕 1작은술, 소금 · 후춧가루 약간씩

만들기

1_ 두부는 키친타월에 올려 물기를 빼고 사방 2cm 크기로 깍둑썬다. 슬라이스치즈
   는 곱게 채 썬다.
2_ 양상추와 토마토는 얇게 채 썬다. 분량의 재료를 각각 섞어 살사소스를 만든다.
3_ 달군팬에 식용유를 두르고 두부를 넣어 노릇하게 굽는다. 분량의 두부양념 재
   료를 넣어 간이 배어들도록 졸인다.
4_ 달군 팬에 토르티야를 올려 노릇하게 굽는다.
5_ 4의 토르티야 위에 준비한 2의 양상추와 토마토를 올리고 3의 두부, 살사소스를
   올린 뒤 채 썬 슬라이스를 뿌려 반으로 접는다.

과카몰리소스를 올려도 좋다. 과카몰리는 아보카도 1/2개, 다진 양파 2큰술, 다진 토마토 4큰술, 라임즙 1큰술, 소금 · 후춧가루 약간씩을 섞으면 된다.

두부피자

빵 대신 두부를 이용한 피자입니다. 도우가 두부이기 때문에 칼로리가 훨씬 낮고 미니 사이즈로 만들어 먹기도 편하지요.

재료
두부 1모, 베이컨 2줄, 양파 1/4개, 청·홍피망 1/4개씩, 토마토소스 4~5큰술
통조림 옥수수 5큰술, 모차렐라치즈 1컵, 소금·후춧가루 약간씩, 식용유 적당량

만들기

1. 두부는 키친타월로 감싸 무거운 것으로 눌러 물기를 빼고 한입 크기로 네모지게 썰어 소금과 후춧가루를 뿌려 밑간을 한다.
2. 베이컨은 1cm 두께로 채 썰고 양파, 청·홍피망은 곱게 채 썬다.
3. 달군 팬에 식용유를 두른 뒤 1의 두부를 넣어 노릇하게 구워 준 뒤 토마토소스를 바른다.
4. 2의 베이컨과 채소를 올린 뒤 통조림옥수수와 모차렐라치즈를 듬뿍 뿌려 준다.
5. 190도로 예열된 오븐에 넣어 15분간 구워 치즈를 노릇하게 녹여 완성한다.

오븐 대신 바닥이 두꺼운 후라이팬을 이용해 뚜껑을 닫고 치즈를 녹이거나 두부를 으깨어 팬에 도톰하게 깔아 떠 먹는 피자 스타일로 만들어도 좋다.

두부깨과자

반죽에 두부를 넣었지만 말하지 않으면 두부가 들어갔다는 것을 전혀 알 수 없는 두부과자입니다. 오븐에 굽거나 기름에 튀기거나 맛있는 심심풀이 과자를 만들 수 있어요.

재료   단단한 두부 1모, 달걀 1개, 설탕 1/2컵, 검은깨 1큰술, 박력분 2⅓컵, 소금 약간

만들기

1_ 두부는 칼등으로 으깬 뒤 면포에 싸서 물기를 꼭 짠다.
2_ 물기를 짠 두부에 달걀, 설탕, 검은깨, 소금을 넣어 섞어 설탕과 소금이 완전히 녹도록 한다.
3_ 2의 두부에 체에 친 박력분을 넣어 한 덩어리가 될 때까지 가볍게 반죽한 뒤 비닐봉투에 넣어 냉장고에서 30분~1시간 휴지시킨다.
4_ 휴지가 끝난 반죽은 밀대를 이용해 2mm 두께로 얇게 밀어 마름모꼴로 잘라 포크나 젓가락을 이용해 구멍을 내어 부풀어 오르는 것을 방지한다.
5_ 180도로 예열한 오븐에서 8~10분간 노릇하게 굽거나 170도로 예열한 기름에 노릇하게 튀겨 기름기를 빼고 완성한다.

 두부의 물기를 최대한 제거해야 바삭한 두부 과자를 만들 수 있다. 두부에 설탕과 소금이 충분히 섞이게 한 뒤 밀가루를 섞어야 반죽이 질겨지지 않는다.

참 맛있는 두부
참 고소한 두부
그냥 먹어도 맛있는 두부

깍둑썰어 국이나 찌개에 넣고
납작하게 편썰어 조림이나 부침을 하고
보슬보슬 으깨어 만두소를 만들고

단백질 덩어리
한입에 앙 물고
맛있게 냠냠

WINTIMES

윈타임즈가 참신한 기획과 정성들인 원고를 찾습니다

독자가 가장 필요로 하는, 최대의 효과를 거둘 수 있는 알차고 참신한

가정/생활, 건강/취미, 요리 관련 원고 또는 기획을 찾습니다.

윈타임즈는 그런 원고와 기획을 기꺼이 받들어 모실 것이며,

최상의 책으로 만들어낼 준비가 되어 있습니다.